高职高专园林工程技术专业规划教材

园林规划设计

主　编　刘金萍　杨　涛

副主编　方大凤

主　审　潘　伟

中国建材工业出版社

图书在版编目(CIP)数据

园林规划设计/刘金萍　杨涛主编 . —北京：中
国建材工业出版社，2014.8
高职高专园林工程技术专业规划教材
ISBN 978-7-5160-0873-7

Ⅰ.①园… Ⅱ.①刘… ②杨… Ⅲ.①园林-规划-
高等职业教育-教材②园林设计-高等职业教育-教材
Ⅳ.①TU986

中国版本图书馆 CIP 数据核字(2014)第 150684 号

内　容　简　介

本书根据企业园林规划设计岗位的职业技能要求，共分为园林绿地构成要素设
计、园林规划设计基本原理的应用、道路绿地规划设计、城市广场设计、居住区绿
地规划设计、单位附属绿地规划设计、公园规划设计和屋顶花园设计八个学习项
目，每个项目下设相应学习型工作任务，课程学习的过程就是完成设计任务的过
程。本书的学习项目由浅入深，每个学习型工作任务也是由简单到复杂，学生理论
知识的提升随着项目由易到难的任务训练而实现。

本书可供高等职业院校园林技术、园林工程技术、城市绿地规划及相关专业的
学生使用，也可供园林绿化工作者和园林爱好者阅读参考。

园林规划设计

刘金萍　杨涛　主编

出版发行：中国建材工业出版社
地　　址：北京市西城区车公庄大街 6 号
邮　　编：100044
经　　销：全国各地新华书店
印　　刷：北京雁林吉兆印刷有限公司
开　　本：787mm×1092mm　1/16
印　　张：16.75
字　　数：414 千字
版　　次：2014 年 8 月第 1 版
印　　次：2014 年 8 月第 1 次
定　　价：**43.80 元**

本社网址：www.jccbs.com.cn　　微信公众号：zgjcgycbs
本书如出现印装质量问题，由我社发行部负责调换。联系电话：(010) 88386906

FOREWORD

前　言

　　园林规划设计是高职高专园林工程技术和园林技术专业的主干课程之一，是一门实用性很强的课程，属于专业技能必修课，与其他各门课程联系紧密。本课程以职业能力培养为重点，与行业企业合作，进行基于工作过程的课程开发与设计，注重培养学生对常见城市绿地进行设计的能力，学生通过各项目的学习，能够独立完成各类城市绿地图纸的设计，并能绘制相关园林设计图纸、编制设计说明书和进行简单的概算，同时能够具备相应实践技能以及较强的实际工作能力，具有较全面的园林规划设计专业知识、技能，成为具有独立设计能力的城市建设、园林景观规划等相关技术领域的应用型人才。

　　本书根据企业园林规划设计岗位的职业技能要求，共分为园林绿地构成要素设计、园林规划设计基本理论的应用、道路绿地规划设计、城市广场设计、居住区绿地规划设计、单位附属绿地规划设计、公园规划设计和屋顶花园设计八个学习项目，每个项目下设相应学习型工作任务，课程学习的过程就是完成设计任务的过程。本书的学习项目由浅入深，每个学习型工作任务也是由简单到复杂，学生理论知识的提升随着项目由易到难的任务训练而实现。

　　本书的编写团队由教学一线具有企业工作经历的"双师"素质教师组成，保证每个任务全部来自园林设计一线，使学生更紧密地感受园林绿地设计一线的设计任务，也有利于教师实施教、学、做一体化教学。本书可供高职高专园林技术、园林工程技术、园艺技术、城市规划、环境艺术等相关专业教学使用，也可供园林绿化工作者和园林爱好者阅读参考。

本书由刘金萍、杨涛担任主编，方大凤担任副主编，潘伟教授担任主审。编写分工如下：项目一、项目二、项目三、项目四由刘金萍编写，项目五、项目六、项目八由杨涛编写，项目七由方大凤编写，全书由刘金萍负责统稿。

黑龙江农业职业技术学院潘伟教授担任本书主审，他在审稿过程中提出了中肯的修改意见，在此表示衷心的感谢。

在编写过程中，我们参考了国内外相关著作、论文，并在百度文库参考了大量资料，在此向作者深表谢意。由于编者水平有限，书中难免有疏漏错误之处，敬请广大读者和同行批评指正。

编者

2014 年 2 月

目 录

项目一 园林绿地构成要素设计

【内容提要】

园林绿地的构成要素是形成园林空间和园林景观的基础。园林的四大要素为地形、水体、植物和建筑，其中地形是最重要的因素之一，它是所有室外活动的基础，也是其他诸要素的基底和依托，直接影响到景观空间环境的质量，并且它对其他设计要素的作用和重要性具有支配作用。水体是园林中最活跃的要素，其不同形态所造成的视觉独特性，还能为园林创造活力气氛。植物作为有生命的景观素材，为园林设计提供了丰富多彩的景观效果，使环境充满生机和美感。园林建筑具有实用功能、造景功能，还可以构成并限制空间，在园林中往往是景观空间的焦点。

本项目通过对园林这四大要素的学习，来使学生掌握地形设计、园林建筑布局、园路设计、植物配置的基本技能。

任务一 地形的塑造

【知识点】

了解园林地形塑造的地位和作用。

掌握园林地形的处理手法。

【技能点】

能够运用园林地形塑造的设计理论，进行园林地形设计。

能够结合实地情况进行园林地形设计。

相关知识

园林地形，是指园林绿地中地表面各种起伏形状的地貌，如图 1-1-1 所示。它是构成园林绿地非常重要的组成要素，也是其他园林要素的依托基础和底界面，是构成整个园林景观的骨架，地形布置和设计的恰当与否直接影响其他要素的设计，也只有各项元素相互配合好，全园方可熠熠生辉。

图 1-1-1　园林起伏地貌

在规则式园林中，地形一般表现为不同标高的地坪、层次，如图 1-1-2 所示；在自然式园林中，往往因为地形的起伏，形成平原、丘陵、山峰、盆地等地貌，如图 1-1-3 所示。一般园林建设都先要通过土方工程对原地形进行改造，以满足人们造园的各种需要。

图 1-1-2　规则式园林地形

图 1-1-3　自然式园林地形

一、园林地形的功能与造景作用

1. 构成园林骨架和作为园林主景。
2. 组织和分隔园林空间，形成优美园林景观。
3. 改善植物种植条件，提供干、湿、水中、阴、阳、缓、陡等多样性环境。
4. 利用地形自然排水，所形成水面提供多种园林用途，同时具灌溉、抗旱、防灾作用。
5. 创造园林活动项目和建筑所需各种地形环境，使建筑、地形与绿化融为一体。

二、园林地形的设计原则

园林地形设计在全面贯彻"实用、美观、经济、安全"这一园林设计总原则的前提下，依据园林地形的特殊性，具体应遵循如下原则：

1. 因地制宜，利用为主，改造为辅

地形塑造应因地制宜，就低挖池就高堆山。园林建筑、道路等要顺应地形布置，少动土方，减少预算。应从原地形现状出发，结合园林绿地的功能、要求等条件综合考虑设计方案，尽量利用原有的自然地形、地貌，尽量不动原有地形与现状植被。需要的话可以进行局部的、小范围的地形改造，如图1-1-4所示。

2. 功能优先，造景并重

园林地形的塑造要符合各功能设施的需要。如建筑等多需平地地形；水体用地，要调整好水底标高、水面标高和岸边标高；园路用地，则依山随势，灵活掌握，控制好最大纵坡、最小排水坡度等关键的地形要素。同时注重地形的造景作用，我国自古就有利用山水造景的传统，地形变化要适合造景需要。

3. 要符合园林艺术要求

园林是人为的艺术加工和工程措施合作而成的。园林艺术源于自然又高于自然，是自然景观和人文景观的高度统一。园林艺术具有多元性，在园林的地形处理中必须遵循园林艺术的法则，如图1-1-5所示。

图1-1-4 因地制宜，利用为主　　　　图1-1-5 假山堆砌应符合园林艺术

4. 符合自然规律要求，做到安全美观

地形只有空间布局符合自然规律，才能体现出自然山水之趣。因此要深入研究自然山水形成规律，在有限的空间内，使地形在各个不同方向以不同坡度延伸，产生各种不同体态、层次、分汇水线，形成人工山水林趣味。要使工程既合理又安全稳定，就要使园林的地形、地貌合乎自然山水规律，达到"虽由人作，宛自天开"的境界。每块地形的处理既要保持排水及种植要求，又要与周围环境融为一体，力求达到自然过渡的效果。

三、园林地形的处理手法

园林地形的处理手法包括平地、堆山、叠石、理水四个方面。

（一）平地

园林中所指的平地，实际上是具有一定坡度的缓坡地，一般平地的坡度约在1%～7%，大片的平地可有1%～5%的高低起伏的缓坡，形成自然式的起伏柔和的地形，使景观不至于显得过于空旷和呆板，同时也避免坡度过陡过长造成水土冲刷和流失。平地便于进行群众性的文体活动，进行人流集散，也可造成开朗景观。平地包括铺装广场、建筑用地、平坦风景林、树坛、花坛、花境、草坪等用地，如图 1-1-6 所示。

在有山有水的园林中，平地可视为山体与水面之间的过渡地带，一般做法是在临水的一边以渐变的坡度与山麓连接，而在近水的一旁以较缓的坡度，徐徐伸入水中，以造成一种"冲积平原"的景观；在山多平地较少的园林中，可在坡度不太陡的地段修筑挡土墙，削高填低，改造为平地，使得原来的地形更富于起伏变化，如图 1-1-7 所示。

图 1-1-6　园林中的平地　　　　　　　　图 1-1-7　富于起伏变化的平地

（二）堆山

堆山，又称掇山、迭山、叠山，常能构成园林风景，组织分隔空间，丰富园林景观，形成多变优美的树冠线和天际线，故在没有山的公园尤其是平原城市，人们常常在园林中人工挖池、堆山，这种人工创造的山称作"假山"，园林中的山地往往是利用原有地形，适当改造而成的，以满足园林功能和艺术上的要求。

1. 假山的类型

1）按堆叠材料分

按堆叠的材料来分，有土山、石山、土石山三类。

（1）土山

全部用土堆积而成，多利用园内挖池掘出的土方堆置而成。土山利于植物景观的营造，一般投资比较小，但山体较高时占地面积比较大，耗费土方较多。土山的坡度要在土壤的安息角以内，否则要进行工程处理，以防止水土流失和坍塌。如图 1-1-8 所示。

（2）石山

全部用岩石堆叠而成，故又称叠石，石山由于堆置的手法不同，可以形成峥嵘、妩媚、玲珑、顽拙等多变的景观，如图 1-1-9 所示。石山一般投资较大，占地较小，但少受坡度的影响。石山不能多植树木，但可穴植或预留种植坑。

图 1-1-8　土山　　　　　　　　　　图 1-1-9　石山

（3）土石山

以土为主体结构，表面再加以点石（一般石占 30％左右）堆砌而成的山称为土石山。土石山可以取土山和石山的优点，所以在园林中常被采用。如苏州的沧浪亭、环秀山庄假山。

2）按山的游览方式分

按山的游览方式，山地可分为观赏山和游览山。

（1）观赏山

是以山体构成丰富的地形景观，仅供人们观赏，不可攀登。观赏山在园林中，根据其位置的不同，所起的作用也不同。如图 1-1-10 所示。可利用山体来分割空间，以形成相对独立的场地，作为活动空间。分散的场地，以山体蜿蜒相连，可以起到景观的联系和过渡作用。在园路和交叉口旁边的山体，可防止游人任意穿越绿地，起组织观赏视线和导游的作用。在地下水位过高的地方，堆置土山可以为植物的生长创造条件。几个山峰组合的山体，其大小高低应有主从区别。观赏山的高度在 1.5m 以上。

（2）游览山

游览山就是可登临的山，因游人能够身临其境，山体不能太低太小，一般要在10～30m，使游人能够登高望远。人登高后的视线，要超过山麓下树木的生长高度；从山外远观的要求，是林冠线要有起伏变化。一般来说，城市内有 7～15m 高的山峰，就可以成为构图中心。山体的体型和位置，要根据登山游览及眺望的要求考虑。在山上可适当设置一些建筑或小平台，作为游览休息、观赏眺望的观赏点，也是山体风景的组成部分。山上建筑的体量和造型应与山体的大小相适应，建筑可建在山麓的缓坡上，也可建在山势险峻的峭壁间、山顶或山腰等处，能形成不同效果的景色。休息类建筑宜建在山的南坡，冬天有良好的小气候。山顶是游人登临的终点，应作重点布置，但一般不宜将建筑放在山顶。如果山体与大片的水面或地面相连，高大的乔木较少，山体的高度可适当降低。如图 1-1-11 所示。

图 1-1-10　观赏山　　　　　　　　　　图 1-1-11　游览山

2. 假山布置要点

（1）满足功能要求。

（2）根据地形地貌现状，因地制宜确定山体朝向和位置。

（3）关于园林假山的高度，通常为 10～30m 即可。用作分隔空间或防止游人践踏绿地的山体，则可低些，但至少在 1.5m 以上，用以隔断视线。

（4）参照山水画法，师法自然山水。

（三）叠石

也称置石或理石，是以山石为材料作独立或附属性的造景布置，主要表现山石的个体美，以观赏为主。叠石的方式有三种：特置、散置和群置。

1. 特置

也称孤置或独置。它是用一块体量较大，轮廓线突出，姿态秀丽、色彩突出的山石独立成景的山石布置形式，常置于园林建筑前、墙角、路边、树下、水畔、草坪作为园林的山石小品以点缀局部景点。体积高大的峰石多以瘦、透、露、皱者为佳。特置山石可以半埋半藏以显露自然，成自然之趣。也可以与树木花草组合，别有风趣。更多的时候是设基座，置于庭院中摆设。布置要点在于相石立意，注意山石体量与环境相协调。苏州的冠云峰（图1-1-12）、皱云峰、瑞云峰，上海的玉玲珑，北京的青芝岫、青莲朵、青云片等都是著名的特置峰石。

2. 散置

是将山石零星布置，选材要求较低，但要组合得好，成为一体，以山野间自然散置的山石为蓝本，将山石零星布置在庭院和园林的方式。自然界的散置山石分散在各处，有单块、三四块、五六块多至数十块，大小远近，高低错落，星罗棋布，粗看零乱不已，细看则颇有规律。布置要点在于有聚有散，有断有续，主次分明，高低参差，前后错落，左右呼应，层次丰富。总之，散置无定式，随势随形而定点，如图1-1-13所示。

图1-1-12　冠云峰——特置

图1-1-13　山石散置

3. 群置

是将六七块或更多的山石成群布置，作为一个群体来表现，即应用多数山石互相搭配成群布置，也称"大散点"。选石与布置要求基本上与散置相同，只是所在空间比较大，散点位置多，体量较大等。由于山石的大小不等，体形各异，布置时高低交错，疏密有致，前后错落，左右呼应，形成丰富多样的石景，点缀园林，如图1-1-14所示。

（四）理水

水体能使园林产生很多生动活泼的景观，形成开朗的空间和透景线，山得水而活，树木得水而茂，亭榭得水而媚，空间得水而宽阔。水体是造景的重要因素之一，在园林中，水体除了造景以外，还可以开展各种水上运动，如钓鱼、划船、游泳、滑冰等。

1. 水体的分类

（1）按水体的形式来分

有自然式水体和规则式水体。自然式水体平面形状自然，因形就势，如河流、湖泊（图 1-1-15）、池沼、溪涧、飞瀑等；规则式水体平面多为规则的几何形，多由人工开凿而成，如运河、水渠、园池、水井、喷泉、壁泉等。

图 1-1-14　群置　　　　　　　　　　　　图 1-1-15　湖泊

（2）按水体的状态来分

有动态水体和静态水体。静态的水能反映出倒影，粼粼的微波给人以明洁、清宁、开朗、幽深的感受，如湖泊、池沼、潭、井等。动态的水有湍急的水流，喷涌的水柱、水花或瀑布等，给人以明快清新、变幻多彩的感受，如溪涧、跌水、喷泉、瀑布等。

（3）按水体的功能来分

可分为观赏的水体和水上活动用的水体。观赏的水体可以较小，主要为造景之用。水面有波光倒影又能成为风景的透视线。水中的建筑、桥、水岸线等都能自成景色。水体能丰富景色的内容，提高观赏的兴趣。开展水上活动的水体，一般要有较大的水面，适当的水深，清洁的水质，水底及岸边最好有一层沙子，岸坡要和缓。进行水上活动的水面，在园林中除了要符合这些活动要求以外，也要注意观赏的要求，使得活动与观赏能配合起来。

2. 常见园林水景

（1）湖池

园林中的湖池多就天然水域略加修饰而成，或者随地势起伏而高堆山低挖湖，从而形成湖泊。湖池常用作园林构图之中心，可以作为景区局部构图中心的主景或副景，可结合建筑（图 1-1-16）、道路、广场、平台、花坛、雕塑、假山石、起伏的地形及平地等布置。有规则式和自然式两种，规则式有方形、圆形、矩形、椭圆形及多角形等，也可在几何形的基础上加以变化。自然式湖池在园林中常依地形而建，是扩展空间的良好办法。

湖池的布设形状宜自然，池岸应有起有伏，高低错落。湖池面积过大时，为克服单调，常把水面用岛、洲、堤、桥等分隔成不同大小的水面，使水景丰富多姿，这些水利设施的存在，客观上增加了水面的层次与景深，扩大了空间感，如图 1-1-17 所示。

图 1-1-16　湖池结合建筑设置

图 1-1-17　湖上设桥增加空间层次

（2）瀑布

流水从高处突然落下而形成瀑布。瀑布的造型千变万化，千姿百态，如图 1-1-18 所示，瀑布的形式有直落式、跌落式、散落式、水帘式、薄膜式以及喷射式等。人造瀑布虽无自然瀑布的气势，但只要形神具备，就有自然之趣。在城市环境中，也可结合堆山叠石来创造小型人工瀑布，如图 1-1-19 所示。瀑布可由 5 部分组成，即上流（水源）、落水口、瀑身、瀑潭、下流。

图 1-1-18　自然界瀑布

图 1-1-19　人工瀑布

（3）喷泉

在现代化都市及园林中，喷泉应用很广，是现代园林的明星，喷泉可以美化环境，增强市容风光，调节气候，净化空气，还可以提供多姿多彩的视听享受，如近几年来出现和应用的光控喷泉、声控喷泉、音乐舞蹈喷泉。

喷泉可布置在大型建筑物前，如图 1-1-20 所示，广场中央、庭院及室内等处。园林中喷泉还往往与水池、瀑布一起布置。由于喷出的水必须落入一个容水的场所，因此总是离不开或大或小的水池，如果水池溢满，流出来，即是瀑布。结果喷泉、水池、瀑布三者成了一个密不可分的水景组合形式。

一般大型喷泉在园林中常作主景，布置在主副轴的交点上，在城市中也可布置在交通绿岛的中心和公共建筑前庭的中心。小型喷泉常用在自然式小水体的构图中心上，给平静的水面增加动感，活跃环境气氛。水柱粗大的喷泉，由于水柱半透明状，背景宜深。而水柱细小的喷泉，最好有平面背景能够突出人工造型，如绿色的草坪，更能显示水柱的线条美（图 1-1-21）。大型的喷泉，最能俘获游人的目光。无论在最复杂的或在最简单的环境中，它们都是最活跃的因素。喷泉的喷水方式有喷水式、溢水式、溅水式三种类型。

图1-1-20　建筑前的喷泉

图1-1-21　草坪衬托水柱的线条美

（4）溪流

溪流是自然山涧中的一种水流形式。在园林中小河两岸砌石嶙峋，河中疏密有致地置大小石块，水流激石，涓涓而流，在两岸土石之间，栽植一些耐水湿的蔓木和花草，可构成极具自然野趣的溪流（图1-1-22）。在狭长形的园林用地中，一般采用该理水方式比较合适。

园林中的溪流，应左右弯曲，萦回于岩石山林间，环绕亭榭，穿岩入洞，有分有合，有收有放，构成大小不同的水面与宽窄各异的水流。对溪涧的源头，应作隐蔽处理，使游赏者不知源于何处，流向何方，成为循流追源中展开景区的线索。溪流垂直处理应随地形变化，形成跌水和瀑布，落水处则可以成深潭幽谷，如图1-1-23所示。

图1-1-22　自然界溪流

图1-1-23　人工溪流

任务二　园路、园桥的设计

【知识点】

掌握园路的设计原理以及园路与其他造景要素的结合应用。

掌握园桥的造型设计。

 【技能点】

能够因地制宜地布局设计园路。
能够根据不同的水面特点进行园桥设计。

 相关知识

园路是园林中与人关系最为密切的设计要素，也是园林绿地构图的重要组成部分，是联系各景区、景点及活动中心的纽带。园桥是园路在水中的延伸，保障游人通行。园路、园桥设计的合适与否，直接影响到园林绿地的布局和利用率。因此需精心设计，因景设路，因水设桥，做到步移景异。

一、园路

(一) 园路的功能

1. 组织交通

园路同其他道路一样，具有基本的交通功能，它承担着游人的集散、疏导、组织交通作用。此外它还满足园林绿化建设、养护、管理等工作的运输任务，具备人、机动车辆和非机动车辆的通行的作用，还有对安全、防火、公共餐厅、小卖部等园务工作的运输任务。对于小公园，这些任务可以综合考虑，过于大型公园，由于园务工作交通量大，有时可以设置专门的路线和入口。

2. 划分空间

园林中常常利用地形、建筑、植物、道路把全园分隔成各种不同功能的空间，形成不同的景区，同时又通过道路，把各景区、景点联系成一个整体，如图 1-2-1 所示。园路本身是一种线性狭长的空间，因园路的穿插划分，把园林空间分隔成不同形状、不同大小的一系列空间。通过大小、形状的对比，极大丰富园林空间的形象，增强空间的艺术性表现。

3. 引导游览

因景设路，因路得景，园路是园林中各景点之间相互联系的纽带，使整个园林形成一个在时间上和空间上的艺术整体。它不仅解决园林的交通问题，而且还是园林景观的导游脉络。园路作为无形的艺术纽带，很自然地引导游人从一个景区到另一个景区，从一个风景环境到另一个风景环境，也就是说，园路担负着组织园林观赏顺序，向游人展示园林风景画面的作用。它能将设计者的造景序列传达给游客。游人获得的是连续印象所带来的综合效果，是由印象的积累所带来的思想情感上的感染力，这正是中国园林的魅力所在。园路正是能担负起这个组织园林的观赏程序，向游客展示园林风景画面的作用。它能通过自己的布局和路面铺砌的图案，引导游客按照设计者的意图、路线和角度来游赏景物。从这个意义上来讲，园路是游客的导游者。

4. 构成景观

在园林中，园路和地形、植物、建筑等，共同构成园林优美景观，园路也是园林造景的重要元素。一方面随着地形地势的变化，各种不同姿态的蜿蜒起伏的道路，可以从不同方面、不同角度，与园内各种建筑和植物共同组合成景；另一方面，园路本身的曲线、质感、色彩、尺度等，都给人以美的享受。

图 1-2-1　园路划分空间并将各景区、景点联系成一个整体

（二）园路的类型

1. 按平面构图形式分

分为规则式和自然式。规则式道路采用严谨整齐的几何形道路布局，突出人工之美（图 1-2-2）；自然式道路以其自然曲折，无迹可循的布局，带来曲径通幽的意境（图 1-2-3）。

图 1-2-2　规则式园路

图 1-2-3　自然式园路

2. 按性质和功能分

主干道：指从入口通向全园各景区中心、主要景点、主要建筑的道路，联系全园，是大量游人所要行进的路线，必要时可通行少量管理用车，道路两旁应充分绿化，宽度3～8m，其道路规格根据园林的性质和规模的不同而异，中小型绿地宽度一般为3～5m，大型绿地6～8m，以能通行双向机动车辆为宜（图1-2-4）。

次干道：分散在各景区，连接景区内各景点的道路，并且和各主要建筑相连。路宽2～3m，可单向通行机动车辆为宜（图1-2-5）。

图1-2-4　园林主干道　　　　　　　　　图1-2-5　园林次干道及游步道

游步道：供散步休息之用，引导游人更深入地到达园林各个角落。道路应满足两人行走为宜，路宽1.2～2m，小径可为0.8～1m，如在山上、水边、疏林中，多曲折自由布置（图1-2-5）。

3. 按路面铺装材料分

整体路面：是指用水泥混凝土或沥青混凝土进行整体浇筑的路面。它具有平整、耐压、耐磨等优点，主要用于通行车辆、人流集中的主路，如图1-2-6所示。

块料路面：是指用各种天然块料或各种预制混凝土块料铺成的路面。坚固、平稳、便于行走，主要适用于游步道或少量轻型车通行的路面，如图1-2-7所示。

图1-2-6　整体路面　　　　　　　　　图1-2-7　块料路面

碎料路面：是指用各种碎石、瓦片、卵石等拼砌而成的路面，往往铺成一定的图案和纹样，主要用于庭院或游步路，具有经济、美观、装饰性等特点，如图1-2-8所示。

简易路面：是指由三合土、煤渣等材料铺成的临时性路面，一般用于临时性或过渡性路面，一般在建设之初铺设，供交通运输使用，待建设成后，再重新铺设新的路面，如图 1-2-9 所示。

图 1-2-8　碎料路面

图 1-2-9　简易路面

（三）园路规划设计原则

1. 园路的设计应与园林的总体风格保持协调一致。

2. 交通性从属于游览性。

3. 园路的布局应主次分明，密度得体，在城市公园设计时，道路的比重可控制在公园总面积的 10%～12% 左右。

4. 主次分明，方向明确，形成良好的园路系统。

（四）园路设计

1. 园路在园林中的尺度与密度

园路的尺度、分布密度，应该是人流密度客观合理的反映。人多的地方（如游乐场、入口大门等）尺度和密度应该大一些；休闲散步区域相反要小一些，达不到这个要求，绿地就极易损坏。

园路广场的占地比例：在儿童公园、专卖公园、居住区公园一般可占 10%～20%，在带状绿地，小游园可占 10%～15%，其他公园可占 10%～15%，如图 1-2-10 所示。

2. 园路的布局

园路不同于一般的城市道路系统，它具有自己的布置形式和布局特点，主要包括规则式、自然式和混合式。在自然式园林绿地中，园路多表现为迂回曲折，流畅自然的曲线性，中国古典园林所讲的峰回路转，曲折迂回，步移景异，即是如此。园路的自然曲折，可以使人们从不同角度去观赏景观，园路的曲折更使其小中见大，延长景深，扩大空间。

除了这些自由曲线的形式外，也有规则的几何形和混合形式，形成不同的园林风格。西欧的古典园林中（如凡尔赛宫）讲究平面几何形状，如图 1-2-11 所示。当然采用一种形式为主，另一种形式补充的混合式布局方式，在现代园林绿地中也比较常见。

3. 园路路口规划

园路路口的规划是园路建设的重要组成部分。从规则式园路系统和自然式园路系统的相互比较情况看来，自然式园路系统中以三岔路口为主，而在规则式园路系统中十字交叉路口比较多，但从加强游览性的角度来考虑，路口设置也应少一些十字路口，多一点三岔路口（图 1-2-12）。

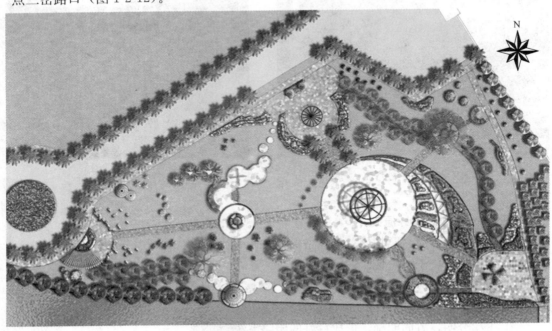

图 1-2-10 园路广场所占比例

图 1-2-11 凡尔赛宫规则式布局

　　道路相交时，除山地陡坡地形之外，一般场所尽量采用正相交方式，斜相交时斜交角度如呈锐角，其角度也尽量不小于 60°。锐角过小，车辆不易转弯，游人易穿行绿地。锐角部分还应采用足够的转弯半径，设为圆形的转角。路口处形成的道路转角，应设计为斜边或改成圆角。在三岔路口中央可设计花坛、喷泉、雕塑（图 1-2-13）等，路口的平面形状，应与中心花坛的形状相似或相适应，具有中央花坛的路口，都应按照规划式的地形进行设计。

图 1-2-12　三岔路口

图 1-2-13　三岔路口雕塑

　　4. 园路与建筑

　　靠近园路的建筑一般面向道路，并不同程度地后退，远离道路，对于游人量较大的园林主体建筑，一般后退道路较远，采用广场或林荫道的方式与园路相连，这样在功能上可满足人流集散的需要，在艺术处理上可突出主体建筑的立面效果，又可创造开阔明朗的环境气氛。

　　一般性园林建筑也少与主要园路直接连接，而应多依地形起伏曲折上的变化，采用小路引入建筑环境内，以创造曲径通幽的园林环境，如图 1-2-14 所示。

　　在园路与建筑物的交接处，常常形成路口。一般都是在建筑近旁设置一块较小的缓冲广场，园路则通过这个广场与建筑交接，但一些具有过道作用的建筑，游廊等，也常常不设缓冲小广场。

　　常见的有平行交接和正对交接，是指建筑物的长轴与园路中心线平行（图 1-2-15）或垂直，实际处理园路与建筑物的交接关系时，一般都避免斜路交接，特别是正对建筑某一角的斜角，冲突感很强，应避免建筑与园路斜交。

　　5. 园路与水体

　　中国园林常常以水景为中心，主干道通常环绕水面，联系各景区，是较理想的处理手法，如图 1-2-16 所示。当主路临水布置时，路不应该是始终与水面平行，因为这样缺少变化，使景观显得平淡乏味。理想的设计是根据地形的起伏、周围的景色和功能景色，使主路和水面若即若离，落水面的道路可用桥、堤或汀步相连接。

　　另外，还应注意滨河路绿地的规划。滨河路是城市中临江、河、湖、海等水体的道路。滨河路在城市中往往是交通繁忙而对景观要求又较高的城市干道，因此临近水面的游步道的布置有一定的要求。游步宽度最好不小于 5m，并尽量接近水面。如滨河路比较宽时，最好布置两条游步道，一条临近道路人行道，便于行人来往，而临近水面的一条游步道要宽些，在保证安全的前提下，供游人漫步或驻足眺望。

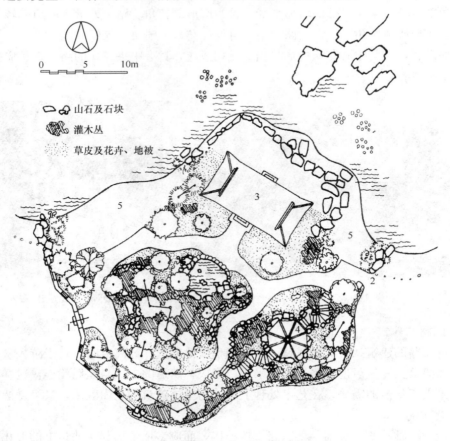

图 1-2-14　建筑通过广场、小路与园路相连

1—主要入口；2—东出入口；3—沁泉廊；4—枕峦亭；5—卵石滩

图 1-2-15　园路中心线与建筑长轴平行

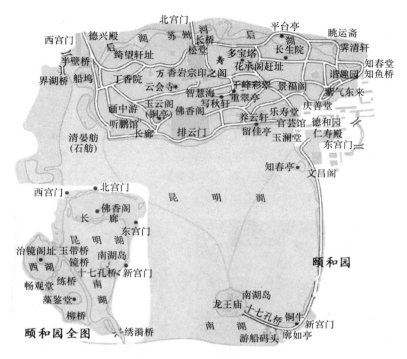

图 1-2-16　颐和园园路绕水而建

6. 园路与山石

在园林中，经常在园路两侧布置一些山石，组成夹景构成景观，形成一种幽静的氛围。在园路的交叉路口，转弯处也常设置假山或置石，既能疏导交通，又能起到美观的作用，如图 1-2-17 所示。

7. 园路与种植

园路的两侧种植行道树，行道树可与两旁绿化种植结合在一起，自由进出，不按间距灵活种植实现路在山林中走的意境。在园路的转弯处，可以布置成花境，种植大量五颜六色的花卉，形成优美景观，既有引导游人的功能，又极具观赏效果，如图 1-2-18 所示。

图 1-2-17　路旁置石

图 1-2-18　园路与植物

园路的交叉路口处，可以设置中心绿岛、回车岛、花钵、花树坛等，同样具有美观和疏导游人的作用。还应注意园路和绿地的高低关系，设计好的园路，常是浅埋于绿地之内，隐藏于绿丛之中的，要求路比"绿"低，路比"土"低，既美观又便于排水，如图 1-2-19 所示。

8. 园路与铺装

园路在设计时不仅要注意总体上的布局，也应该十分注意路面本身的装饰作用，使路面本身成为一景。铺装除采用传统的砖、卵石、碎石铺成各种图案来加强园路的装饰性和观赏性以外，随着现代建筑材料的发展，园林中广泛采用各种新兴材料进行铺装，既加强了装饰性，又能为园林增添色彩（图 1-2-20）。材料的选择和图案的设计应该与园林风格相统一，同时还应该考虑道路的荷载。

图 1-2-19　路面低于绿地　　　　　　图 1-2-20　路面铺装图案

二、园桥

园桥就是园林景观中的桥，可以联系风景点的水陆交通，起着联系交通、组织导游的作用，能够组织游览线路，变换观赏视线，点缀水景，增加水面层次，具有交通和艺术欣赏的双重作用，如图 1-2-21 所示。

园桥区别于普通的市政桥梁，它一般更为讲究造型和美观，其在造园艺术方面的价值高于其交通功能，如图 1-2-22 所示。除了这两个主要功能，园桥还有提供游人停留并观景这一附属功能。

图 1-2-21　园桥　　　　　　　　图 1-2-22　造型美观的园桥

1. 园桥的选择与选址

园桥在高低长短尺寸体量方面相当悬殊，可以巨大得如空中彩虹，也可以小巧得仅仅如一两块水中的石头或仅仅一步之遥。这是因为园桥的尺量大小，是由它所在的园林水环境和它本身的功能所决定的，因此，园桥在设计上应做到因地制宜。园路与河渠、溪流交叉处，必须设置园桥把中断的路线连接起来。原则上，桥址应选在两岸之间水面最窄处或靠近较窄的地方，减少造桥费用，增加园桥的自然之感。跨越带状水体的园桥，造型可以比较简单，有时甚至只搭上一个混凝土平板，就可作为小桥。但是，桥虽简单，其造型还是应有所讲究，要做得小巧别致，富于情趣。

在大水面上建桥，功能是作为连接水体两岸的交通道路，则园桥体量应该宽大，宜体现出奔放大气的感觉。在大水面上造桥，最好采用拱桥、廊桥、栈桥等比较长的园桥，桥址应选在水面相对狭窄的地方，这样可以缩短建桥的长度，节约工程费用，又可以利用桥身来分隔水体，如图 1-2-23 所示。桥下不通游船时，桥面可设计得低平一些，使人更接近水面，满足游人亲水的要求。桥下需要通过游船时，则可把部分桥面抬高，做成拱桥样式。在湖中岛屿靠近湖岸的地方，一般也要布置园桥。要根据岛、岸间距离，决定设置长桥还是短桥。在大水面沿边与其他水道相交接的水口处，设置拱桥或其他园桥，可以增添岸边景色。

在小水面上建桥，功能主要是为了增加水面的层次感和观赏效果，因此园桥体量应该较小，宜体现出小巧别致，如图 1-2-24 所示。庭院水池或一些面积较小的人工湖，适宜布置体量较小、造型简洁的园桥。若是用桥来分隔水面，则小曲桥、拱桥、汀步等都可选用。但是要注意，小水面分隔特别忌讳从中部均等分隔成等大的两个水面，就意味着没有主次之分，无法突出水景重点。

图 1-2-23　大水面设桥

图 1-2-24　小水面设桥

2. 园桥的造型设计

在园桥设计中，可以根据具体环境的特点来灵活地选配适宜造型的桥。常见的园桥造型主要可分为以下七类：

（1）平桥

桥面平整，平行于水面，结构简单，平面形状为一字形，造型简单，能给人以轻快的感觉，如图 1-2-25 所示，有木桥、石桥、钢筋混凝土桥等。桥边常不做栏杆或只做矮护栏，或只在桥端两侧置天然景石隐喻桥头。结构有梁式和板式，板式桥适于较小的跨度，简朴雅致；跨度较大的就需设置桥墩或柱，上安木梁或石梁，梁上铺桥面板。

（2）平曲桥

桥面也是平行于水面，但平面形状不是一字形，而是左右转折的折线形，如图1-2-26所示。根据转折数，可分为三曲桥、五曲桥、七曲桥、九曲桥等，桥面转折多为90°直角，但也可采用120°钝角，偶尔还可用150°转角。平曲桥桥面设计为低而平的效果最好。

图1-2-25 平桥

图1-2-26 平曲桥

平曲桥是中国园林中所特有的，不论三曲、五曲、七曲还是九曲，都通称为"九曲桥"，如图1-2-27所示，其作用不在于便利交通，而是要延长游览行程和时间，以扩大空间感，在曲折中变换游览者的视线方向，做到"步移景异"。

（3）拱桥

拱桥桥面高出水面成圆弧状，造型优美，曲线圆润，富有动态感，如图1-2-28所示。常见有石拱桥和砖拱桥，也少有一些钢筋混凝土拱桥。拱桥是园林中造景用桥的主要形式，其材料易得，价格便宜，施工方便；桥体的立面形象比较突出，造型可有很大变化；并且圆形桥孔在水面的投影也十分好看，形成一个完整的圆形，因此，拱桥在园林中应用极为广泛。

图1-2-27 九曲桥

图1-2-28 拱桥

（4）亭桥

在平桥或拱桥较高的桥面上，修建亭子，就成了亭桥。亭桥是园林水景中常用的一种景物，它既是供游人观赏的景物点，又是可停留其中向外观景的观赏点，如图 1-2-29 所示。

（5）廊桥

这种园桥与亭桥相似，也是在平桥或平曲桥上修建景观建筑，只不过其建筑形式是长廊罢了。廊桥的造景作用和观景作用与亭桥一样，它们都是桥与建筑结合的形式，如图 1-2-30 所示。

图 1-2-29　亭桥

图 1-2-30　廊桥

（6）吊桥

吊桥是以钢索、铁链为主要结构材料，将桥面悬吊在水面上的一种园桥形式。这类吊桥吊起桥面的方式又有两种。一种是全用钢索铁链吊起桥面，并作为桥边扶手，如图 1-2-31所示；另一种是在上部用大直径钢管做成拱形支架，从拱形钢管上等距地垂下钢制缆索，吊起桥面，如图 1-2-32 所示。吊桥主要用在风景区的河面上或山沟上面，具有组织交通和造景作用，行走时摇摇晃晃带来一定的紧张感和趣味性，使吊桥成为一道独特的景观。

图 1-2-31　铁索吊桥

图 1-2-32　钢架吊桥

（7）汀步

这是一种没有桥面，只有桥墩的特殊的桥，或者也可说是一种特殊的路，如图 1-2-33所示。是采用线状排列的步石、混凝土墩、砖墩或预制的汀步构件布置在浅水区、沼泽区、沙滩上或草坪上，形成的能够行走的通道，极具观赏性，汀步本身成为景观的一部分，如图 1-2-34 所示。

图 1-2-33　汀步——水中的路　　　　　　图 1-2-34　汀步的观赏性

任务三　园林景观建筑与小品

【知识点】

掌握园林建筑的分类及设计原理。

掌握园林小品的设计注意事项。

【技能点】

能够进行合理的园林建筑布局，突出环境主题。

能够适当地运用园林小品凸显园林景观品位。

相关知识

一、园林建筑

在园林景观中，建筑既能遮风挡雨，供人休息赏景，又能与环境组合形成景致，无论是中国古典园林，还是现代园林，都很注重建筑的布局。

（一）亭

亭是有顶无墙的小型建筑，是供人休息赏景之所。亭是园林绿地中最多见的眺望、休憩、遮阳、避雨的点景和赏景建筑。现代的亭有的已经引申为精巧的小型实用建筑，如售票亭、售货亭、茶水亭等。

1. 亭的类型

按亭子的平面形状分，有圆亭、方亭、三角亭、五角亭、六角亭、扇亭等，如图1-3-1所示；按屋顶形式分，有单檐、重檐、三重檐、攒尖顶、歇山顶、卷棚顶等，如图1-3-2所示；按布设位置分，有山亭、半山亭、水亭、桥亭以及靠墙的半亭、在廊间的廊亭、在路中或路旁的路亭等。

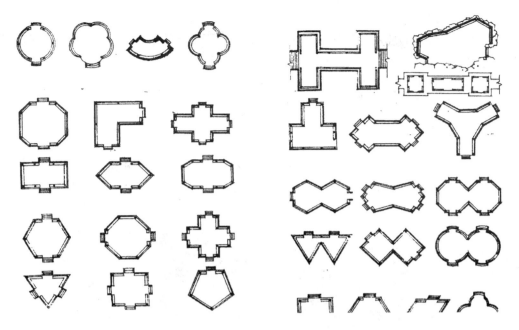

图 1-3-1　亭的平面形状

图 1-3-2　亭的造型

2. 亭的位置选择

　　具体应根据亭的功能需要和环境地势来决定，既要做到建亭之处有景可赏，又要做到亭的位置与环境协调统一。

（1）山地建亭

这是宜于远眺的地形，特别是在山巅、山脊上，眺览的范围大、方向多，同时也为登山中的休憩提供一个坐坐看看的环境，如图 1-3-3 所示。山上建亭不仅丰富了山体轮廓，使山色更有生气，也为人们观望山景提供了适宜的尺度。山地建亭造型宜高耸，使山体轮廓更加丰富。

（2）临水建亭

水边设亭，一方面是为了观赏水面的景色，另一方面也可丰富水景效果。水面设亭，一般应尽量贴近水面，宜低不宜高，亭的体量应与水面大小相协调，临水之亭是观赏水景的绝佳处，而亭也是该处风景的点题之物，如图 1-3-4 所示。

图 1-3-3　山地建亭　　　　　　　　　　图 1-3-4　临水建亭

（3）平地建亭

通常位于道路的交叉口，路侧的林荫之间，有时为一片花圃、草坪、湖石所围绕，或位于厅、堂、廊、室与建筑之一侧，供户外活动之用。有的自然风景区在进入主要景区之前，在路边或路中筑亭，作为一种标志和点缀。平地建亭能够打破平地的单调感，如图 1-3-5 所示。

（二）廊

1. 廊的作用

廊通常布置在两个建筑物或两个观赏点之间，成为空间联系和空间划分的一个重要手段。它不仅具有遮风避雨、交通联系的实用功能，而且对园林中风景的展开起着重要的组织作用，如图 1-3-6 所示。如果我们把整个园林作为一个"面"来看，那么亭、榭、轩、馆等建筑物在园林中可视作"点"，而廊、墙这类建筑则可视作"线"。通过这些"线"的联络，把各分散的"点"连成一个有机的整体。

图 1-3-5　平地建亭　　　　　　　　　　图 1-3-6　廊的组织空间作用

2. 廊的类型

廊依位置分有爬山廊（图 1-3-7）、水廊（图 1-3-8）、平地廊（图 1-3-9）；依结构形式分有空廊（两面为柱子）、半廊（一面柱子一面墙）、复廊（两面为柱子、中间为漏花墙分隔）（图 1-3-10）；依平面形式分有直廊、曲廊、回廊等。

图 1-3-7　爬山廊（空廊）

图 1-3-8　水廊（半廊）

图 1-3-9　平地廊

图 1-3-10　复廊

3. 廊的布置

常见的有平地建廊、水际建廊和山地建廊。平地建廊一般建在休息广场的一侧，也可以与园路或水体平行而建，或四面环绕形成独立空间，在视线集中的位置布置成主要景观；水边或水上建廊，一般应贴紧水面，造成漂浮于水面之感；山地建廊多随山的走势做成爬山廊。

（三）榭

榭一般指有平台挑出水面用以观赏风景的园林建筑。榭这种建筑是凭借着周围景色而构成的，它的结构依照自然环境的不同可以有各种形式，而我们现在一般把"榭"看做是一种临水的建筑物，所以也称"水榭"，如图 1-3-11 所示。

它的基本形式是在水边架起一个平台，平台四周以低平的栏杆相围绕，然后在平台上建起一个木结构的单体建筑物，其临水一侧特别开敞，突出其亲水特征，成为人们在水边或水上的一个重要休息场所，如图 1-3-12 所示。

图 1-3-11　水榭（一）

图 1-3-12　水榭（二）

（四）舫

舫是依照船的造型在园林湖泊中建造起来的一种船形建筑物。供人们在其内游玩饮宴、观赏水景，身临其中颇有乘船于水上之感。舫的前半部多三面临水，船首一侧常设有平桥与岸相连，仿如跳板之意。通常下部船体用石材建造，上部船舱则多用木结构。由于像船但又不能游动，所以也称"不系舟"。如苏州拙政园的"香洲"（图 1-3-13）、北京颐和园的石舫（图 1-3-14）等都是较好的实例。

图 1-3-13　拙政园的"香洲"

图 1-3-14　颐和园的石舫

此外，我国古典园林中还有轩、厅堂、楼阁等建筑形式。这里就不详述了。

二、园林小品

园林小品，是园林环境中不可缺少的组成要素，它虽然不像园林中主体建筑那样处于举足轻重的地位，但它以其丰富多彩的内容，轻巧美观的造型，在园林中起着点缀环境、活跃景色、烘托气氛、加深意境的作用，在造景中若能匠心独运，则有点睛之妙。下面介绍几种常见的园林小品。

（一）园椅、园凳

园椅、园凳是园林内和城市广场上必备的休息设施，也是园林家具最主要的组成部分。

1. 园椅、园凳的高度与材料

园椅、园凳的高度一般取为 35～40cm，常用的材料有：钢管为支架，木板为椅面

（图1-3-15）；铸铁为支架，木条为椅面；钢筋混凝土浇筑；竹材或木材制作；水磨石制成（图1-3-16）；也有就地取材利用自然山石稍加加工而成。在条件允许的情况下，还可采用大理石等名贵材料，或用色彩鲜艳的塑料、玻璃纤维等制作，造型高雅、轻巧、美观，也会受到游人的喜爱。当今园椅的形式变化多样，有的仿生造型吸引游人前去休息，有的座椅结合其他设施，体现了园林小品功能的多样性。

图1-3-15 钢木结构座椅

图1-3-16 水磨石座凳

2. 园椅、园凳的布置要点

湖边池畔、花间林下、广场周边、园路两侧、山腰台地等处均可放置，供游人就座休息和观赏风景之用。如在一片树林中设置一组蘑菇形的休息园凳，宛若林间树下长出的蘑菇，可把树林环境衬托得野趣盎然。在草坪边、园路旁、丛林下适当地布置园椅，也会给人以亲切感，方便游客休息，更能体现"以人为本"的设计理念，如图1-3-17所示。

园椅、园凳既可以单独设置，也可以成组布置；既可以自由分散布置，又可以有规律地连续布置。园椅、园凳也可与花坛（图1-3-18）、花台、园灯、假山等其他小品组合，形成一个景观整体。园椅、园凳的造型设计要轻巧美观，形式要活泼多样，制作要方便，更要结园林环境，做出具有特色的设计。

图1-3-17 林下园凳

图1-3-18 园椅与花坛结合

（二）廊架

通廊和花架（图1-3-19）统称为廊架，它是园林中联系或分隔空间的重要手段，又是人们消夏，庇荫之所。通过高低、长短、开合的处理，把景区进行大小、明暗、起伏、对比的转换，做到敞开通透，隔而不断，层次丰富，增加风景的深度，形成各种特色景区。

疏朗、开敞、空透、灵动，是现今廊架的设计时尚，新型材料的不断涌现使这一时尚得以淋漓尽致地发挥。现如今的廊架材料多样，多以木质材料为主，然而还有石质、钢铁以及混凝土结构等。廊架跨度一般为 2.5～3m，可以配合园路，将各景区，景点以"线"连成有机整体。

廊架选址随意，却造景无限。在结构形式上，廊架以空架为多，考虑到雨雪天绿地中游人较少，廊架遮风避雨的功能在减弱，而观赏性越来越被重视，更强调仰视、俯视以及远视、近视的效果。一些廊架造型细腻别致，干脆不用植物，让人欣赏其人工美，表现出灵活、现代的自由美，如图 1-3-20 所示。

图 1-3-19　花架　　　　　　　　　　图 1-3-20　廊架造型

（三）景门、景窗

景门、景窗在园林中运用，不仅使墙体造型生动优美，更使园林空间通透幽深，似隔非隔，景物若隐若现，极富层次，使园林更具有耐人寻味的幽雅韵味，如图 1-3-21 所示。"步移景异"正是对园林景门、景窗所组成的一幅幅立体画面的概括。另外景门、景窗还起着框景的作用，即以门窗作为取景的画框，框内有计划地组织画面，门洞、漏窗后的蕉叶、山石、修竹都是构成优美画卷的元素，若与盆景布置相结合，虚实相衬，画意更浓，更具有中国古典园林韵味，如图 1-3-22 所示。

景门、景窗的外形多为几何形状，景门的形状有圆形、长方形、六边形、海棠形、桃形、瓶形等；景窗的形状有圆形、长方形、多边形、扇形等，一般采用砖砌、瓦拼、木雕结构，色彩以灰白色系为主。门窗内或空置，置以峰石、芭蕉、翠竹等构成优美的园林框景；或装嵌各种以花草鸟兽为题材的图案，栩栩如生，本身具有观赏价值，极具中国传统文化内涵。

图 1-3-21　景门　　　　　　　　　　图 1-3-22　景窗

（四）雕塑

雕塑赋予园林鲜明而生动的主题，能够提升环境空间的艺术品位及文化内涵，使环境充满活力与情趣。它独特的艺术造型满足了人们视觉及精神要求，独特的雕塑还能改善场地的空间，营造赏心悦目的园林环境。

雕塑设计原则有以下三点：

第一，雕塑都有一定的主题，可以是人物、事件或动物等，必须通过造型设计来体现，设计者需要在抽象与具象上掌握最佳的结合点。它们来源于生活，却又比生活本身更完美、更耐人寻味，能美化人们的心灵，陶冶人们的情操，有助于表现园林主题，如图 1-3-23 所示。

第二，雕塑要与整体环境协调，相互衬托，相辅相成，才能加强雕塑的感染力，切不可将雕塑变成形单影孤与环境毫不相关的摆设，要使雕塑成为园林环境中一个有机的组成部分，如图 1-3-24 所示。雕塑的平面位置、体量大小、色彩、质感等方面都要置于园林环境中进行全面的考虑，还可与水池、喷泉、植物、山石等组合成景。

图 1-3-23　人物主题雕塑

图 1-3-24　雕塑与环境相协调

第三，雕塑与观赏效果之间的联系也很重要，在整个观察过程中应有远、中、近三种良好的视线距离，以发挥雕塑小品强烈的艺术感染力，如图 1-3-25 所示；雕塑体现的大小与所处的空间应有良好的比例与尺度关系，要考虑观赏者透视影响；基座起着烘托主体，渲染气氛的作用，但不能喧宾夺主，应在设计的开始就纳入总体的构思之中；而色彩的恰当处理使雕塑的形象更为鲜明、突出，如白色雕塑与浓绿色的植物形成鲜明的对比，如图 1-3-26 所示，而古铜色的雕塑与蓝天碧水互成衬托。

图 1-3-25　雕塑的观赏效果

图 1-3-26　白色雕塑与绿色背景

（五）栏杆

园林中的栏杆除起防护作用外，还可用于分隔不同活动空间，划分活动范围以及组织人流。以栏杆简洁、明快的造型来点缀装饰园林环境，可以丰富园林景致。园林栏杆的设置与其功能有关。一般而言，作为围护的栏杆常设在地貌、地形变化较大之处，交通危险地段以及人流集散的分界等，如岸边（图1-3-27）、桥梁、码头、道路的周边。而作为分隔空间的栏杆，常设在活动分区的周围，绿地周边等。在花坛、草地、树池的周围，还常设以装饰性很强的花边栏杆，以点缀环境，如图1-3-28所示。

图1-3-27　岸边栏杆　　　　　　　　　图1-3-28　绿地边缘栏杆

一般花台、小水池、草地边缘的栏杆，具有明确边界的作用，高度可为0.2～0.3m，如图1-3-29所示；在街头绿地、广场栏杆总高度为0.8m；一般绿地、建筑物、参观场所的栏杆，总高度为0.85～0.9m，如图1-3-30所示；栏杆的格栅间距为0.15m，有较好的防护作用。有危险须保证安全的地方，栏杆高度为1.1～1.2m，栏杆的格栅间距为0.13m，以防小孩头部伸过。制作栏杆常用的材料有石料、钢筋混凝土、铁、砖、木料等。

图1-3-29　草地栏杆　　　　　　　　　图1-3-30　建筑栏杆

（六）园灯

园灯既可以用来照明，又可用于装饰、美化园林环境，是一种极引人注目的园林小品，如图1-3-31所示。它有指示和引导游人的作用，还可以丰富园林的夜色。园灯的设计要根据不同的环境、不同位置的功能和审美要求，来选择园灯的造型、照度、色彩以及制作材料。园灯的造型有模拟自然形象的，也有由几何体组合的，模拟自然形象的园灯使人感到活泼亲切；纯几何形状的园灯，给人的感觉是庄重、严谨，如图 1-3-32 所示。一个造型好的园灯能引起人的联想，能表达一定的思想感情。

图 1-3-31　园灯美化园林环境

图 1-3-32　几何形园灯

1. 不同环境的园灯选择

在开阔的广场、水面及人流集中的活动场所，灯要有足够的照度，造型力求简洁大方，如图 1-3-33 所示。园路两旁的园灯要求照度均匀，避免树木遮挡。为防止刺目眩光，常用乳白灯罩；庭园灯的造型精细、小巧玲珑，不宜过高，以便于创造宁静、舒适的气氛。此外，还有用于配景的灯、踏步边的池灯、草坪上的草坪灯（图 1-3-34）、水池边的装饰灯、水池底部的投光灯等，其高度设置都应根据环境空间的情况而定。

图 1-3-33　广场灯

图 1-3-34　草坪灯

2. 园灯的色彩

不同的园灯色彩也能给人带来不同的景观效果。不同的色彩配合不同的照度，可以形成热烈的或沉静的、张扬的或收敛的、庄重的或轻快明朗的，乃至阴森沉闷的等不同的气氛。在进行园灯设计时应注意运用色彩和光照的特性，以达到预想的设计效果。

3. 园灯的材料

园灯材料的质感也能对人们的观赏感受产生一定的作用，并能直接影响到园灯的艺术效果。例如，用金属或石料制作的园灯、灯杆和灯座，会使人感觉到稳定安全；如果环境要求形成玲珑剔透的水晶宫般的氛围，灯的材料就需要采用大量玻璃或透明材料；如果要创造富丽堂皇的气氛，则可使用镀铬、镀镍的金属制件；如果需要一种明快活跃的气氛，则可采用质感光滑的金属、大理石、陶瓷等材料；如果要给人以温暖亲切的感觉，则常在园灯的适当部位采用木、藤、竹等材料。

任务四　园林植物种植设计

【知识点】

了解植物造景的原则。

掌握乔木、灌木、草花的种植设计原理。

【技能点】

能够对园林绿地进行合理的植物种植设计。

能够乔、灌、草相结合进行生态植物群落设计。

相关知识

植物是园林设计中的软性材料，具有生命力，能随着季节的变化而不停地改变其颜色、形态、疏密及质地，使得园林充满生机，为人类带来自然而舒适的感受，如图1-4-1所示。所以我们在进行植物种植设计即植物造景时，既要考虑植物本身生长发育特点，又要考虑植物对生物环境的营造，既要满足功能需要，又要符合审美及视觉观赏原则，即园林植物的造景，既要讲究科学性，又要讲究艺术性（图1-4-2）。

图1-4-1　充满生机的植物造景

图1-4-2　植物造景的艺术性

一、植物造景的原则

（一）功能性原则

进行园林植物种植设计，首先要从该园林绿地的性质和主要功能出发。根据不同园林绿地的功能要求，选择不同的树种和栽植方式。如综合性公园为提供游人各种不同的游憩活动空间，需要设置一定的大草坪等开敞空间，还要有遮阴的乔木，成片的灌木和密林、疏林等如图 1-4-3 所示；街道绿化主要解决街道的遮阴和组织交通问题，防止眩光以及完成美化市容的作用，因此选择植物以及植物的种植形式要适应这一功能要求；在校园的绿化设计中，除考虑生态、观赏效果外，还要创造一定的校园氛围（图 1-4-4）等。

图 1-4-3　公园绿地

图 1-4-4　校园绿地

（二）艺术性原则

1. 总体艺术布局上要协调

规则式园林植物配置多对植、行植，而在自然式园林中则采用不对称的自然式配置，充分发挥植物材料的自然姿态。根据局部环境和在总体布置中的要求，采用不同形式的种植形式，如一般在大门、主要道路、整形广场、大型建筑附近多采用规则式种植，而在自然山水、草坪及不对称的小型建筑物附近采用自然式种植。

2. 考虑四季景色变化

园林植物季相景观的变化，能给游人以明显的气候变化感受，体现园林的时令变化，表现出园林植物特有的艺术观赏效果。如春季山花烂漫（图 1-4-5）；夏季荷花映日、石榴花开；秋季硕果满园，层林尽染（图 1-4-6）；冬季梅花傲雪等。在设计时可分区分段配置，使每个分区或地段突出一个季节植物景观主题，在统一中求变化。但总的来说，一座园林，或一个小区，或一个小游园，都应做到四季有景，即使以某一季节景观为主的地段也应点缀其他季节的植物，否则一季过后，就显得单调和无景可赏。

图 1-4-5　春季景观

图 1-4-6　秋季景观

3. 全面考虑园林植物的观赏特征

园林植物的观赏特性是多方面的，园林植物个体在观形、赏色、闻味、听声以及群体景观方面都是丰富多彩的，将其与环境配合或不同形态树种相互搭配，能形成独特意境。植物的姿态各异，植物的树冠、树干、花、果等观赏特征各不相同，有观姿、观花（图1-4-7）、观果、观叶、观干等区别，如植物的树形，彩色叶和秋色叶树种的叶片，乔灌木的花，有趣或色彩艳丽的果实，造型或色彩奇特的树干以及植物怡人的花香，都能带给游客不同的感官享受，因此在园林植物搭配时，要考虑园林植物个体之间以及群体相互各方面的协调，如图1-4-8所示。

图1-4-7 观花乔木　　　　　　　　　图1-4-8 植物个体之间的协调

4. 配置植物要从总体着眼

园林植物的种植设计不仅仅只是表现个体植物的观赏特性，还需考虑植物群体景观，如图1-4-9所示。乔、灌、草、花合理搭配，形成多姿多彩、层次丰富的植物景观。在平面上要注意配置林缘线（图1-4-10），在竖向上要注意林冠线，树林中要组织透景线。要重视植物的景观层次和远近观赏效果：远观通常看整体、大片效果，如大片秋叶、大片春花；近处欣赏单株树形、花、果、叶等姿态。

图1-4-9 植物群体景观　　　　　　　　图1-4-10 林缘线

在配置植物时，应做到主题突出、层次清楚，避免喧宾夺主，还要处理好植物与建筑、山、水、道路的关系，使之成为一个有机整体。植物的个体选择，也要先看总体，如体形、高矮、大小、轮廓，其次才是叶、枝、花、果。不同树形巧妙配合，形成良好的林冠线（图 1-4-11）和林缘线。

图 1-4-11　林冠线

（三）生态性原则

（1）因地制宜，满足园林植物的生态要求

为创造良好的园林植物景观，必须使园林植物正常生长。要因地制宜，适地适树，使植物本身的生态习性与栽植地点的生态条件统一。因此在进行种植设计时，要对所种植的植物的生态习性以及栽种地的生态环境都要全面了解，了解土壤、气候以及植物的生态习性，才能做出合理的种植设计。如山体绿化植物要求耐干旱，并要衬托山景；水边植物要求能耐湿，且与水景相协调。在园林植物的种植设计时，要尽量选用乡土树种，适当选用已经引种驯化成功的外来树种，忌不合时宜地选用不适合本地区的其他树种。

（2）合理设置种植密度

从长远考虑，应根据成年树木的树冠大小来确定种植距离。在种植设计时，应选用大苗、壮苗。如选用小苗，先期可进行密植，生长到一定时期后，再进行移栽或间伐，以达到合理的植物生长密度。另外在进行植物搭配和确定密度时，要兼顾速生树与慢生树、常绿树与落叶树之间的比例，以达到绿地的近期和远期观赏效果，保证植物群落的稳定性。

（3）创造稳定的植物群落

在植物配置过程中，需要构建人工植物群落。人工植物群落的构建需要根据自然植物群落的演替规律，充分利用不同生态位植物对环境资源需求的差异，正确处理植物群落的组成和结构，乔木、灌木、花卉、藤本、草本等保持适当的比例和稳定的群落关系，落叶和常绿树适当配合，树种密植搭配时还要考虑到下层树种和地被植物的耐阴性。总之，要满足各种树木的生态要求，增强群落的自我调节能力，维持植物群落的平衡与稳定。

二、乔灌木种植设计

（一）孤植

树木的单体栽植称为孤植，作孤植用的树木称为孤植树。黄山的迎客松就是典型的孤植树。

孤植树有两种类型：一种是与园林构图相结合的庇荫树，主要功能是遮阴；一种是单纯作艺术构图用的，主要体现观赏功能。

1. 孤植树应具备的条件

孤植树是指乔木或灌木孤立种植的一种形式，主要表现树木的个体美，如图 1-4-12

所示。孤植树在艺术构图上，是作为局部主景设置或者是为获取庇荫而设置的。

2. 孤植树的位置选择

孤植树必须有较为开阔的空间环境，使它枝叶充分伸展，要有适宜的观赏视距，游人可以从多个位置和角度去观赏，一般需要有 4 倍树高的观赏视距，如图 1-4-13 所示。因而孤植树适宜的栽植位置首选空旷的草地上，在林中空地、庭院、路旁、水边、石旁、林缘、高地等处也可栽植。孤植树在构图上并不是孤立的，它存在于四周景物之中，需要与周围环境相适应，一般要有天空、水面、草地等作背景、衬托，以表现孤植树的形、姿、色、韵等。

图 1-4-12　孤植的个体美

图 1-4-13　树木有充分的生长空间

孤植树如果作为主题出现，应放在周围景物向心的焦点上；如果作为园林建筑的配景出现，则可作前配景、侧配景和后配景等；如果在登山道口、园路或河流或溪涧的转弯处栽种孤植树，既可作对景，又能起导游作用，如黄山的迎客松（图 1-4-14）。

在配置孤植树时，其体量要与周围环境相协调，大型园林绿地选择体形巨大的树种，小型绿地则应选择小巧玲珑而观赏价值高的树种。但培养大型孤植树并非一日之功，应结合绿地中原有的大树进行，这样可提前达到预期的景观效果。

3. 孤植树的树种选择

要求冠大荫浓、寿命长、病虫害少、体形端庄、姿态优美、开花繁茂、色泽鲜艳或有浓郁芳香，适宜作孤植树的树种有雪松、白皮松、云杉、金钱松、悬铃木、香樟、榕树、玉兰（图 1-4-15）、桂花、元宝枫、紫薇、垂丝海棠、樱花、重阳木、七叶树等。

图 1-4-14　黄山迎客松

图 1-4-15　白玉兰孤植

（二）对植

对植一般是指两株树或两丛树，按照一定的轴线关系左右对称或均衡的种植方式，其形式有对称和非对称两种。

对称栽植：常用在规则式构图中，是用两株同种同龄的树木对称栽植，一般栽植在入口两旁，要求树形、姿态一致，如图 1-4-16 所示。

非对称栽植：多用在自然式构图中，运用不对称均衡的原理，轴线两边的树木在体形、大小、色彩上有差异，但在轴线的两边须取得均衡，如图 1-4-17 所示。常栽植在出入口两侧、桥头、石级蹬道旁、建筑入口旁等处。

对称栽植多选用树冠形状比较整齐的树种，如龙柏、雪松等，或者选用可进行整形修剪的树种进行人工造型，以便从形体上取得规整对称的效果。非对称栽植形式对树种的要求较为宽松，数量上可不一定是两株，也可能是一棵大乔木对两个小灌木或一个灌木丛。

图 1-4-16　建筑入口两侧对植

图 1-4-17　小路两侧非对称栽植

（三）列植

列植就是沿直线或曲线呈线性的等距离排列种植，多称行植、行列式栽植。行列栽植多用于建筑、道路、地下管线较多的地段。行列栽植与道路配合，可起夹景效果。列植在设计形式上有单纯列植和混合列植。

单纯列植：是同一规格的同一种树种简单地重复排列，具有强烈的统一感和方向性，但相对单调、呆板，如图 1-4-18 所示。

混合列植：是用两种或两种以上的树木进行相间排列，形成有节奏的韵律变化。混合列植因树种的不同，产生色彩、形态、季相等变化，从而丰富植物景观，如图 1-4-19 所示。但是如果数种超过三种，则会显得杂乱无章。

图 1-4-18　行道树单纯列植

图 1-4-19　桃柳间隔列植

列植应用最常见的是道路绿地和广场树阵，追求整齐划一的景观外貌，行道树是最常见的列植景观。因此，在选择树种时要求树冠整齐，每株树形一致，分枝点高矮一致，栽植间距以树冠大小为依据。一般乔木列植时栽植间距常采用 5m、6m、8m，灌木的栽植间距常采用 1.5m、2m、2.5m、3m 等。

（四）丛植

丛植是由同种或不同种的两株到十几株树木组合成的自然式栽植方式，丛植树的一个群体称为树丛，是园林绿地中重点布置的一种种植类型。丛植主要表现树木的群体美，主要反映自然界植物小规模群体植物的形象美。当然，这种群体形象美又是通过植物个体之间的有机组合与搭配来体现的。

树丛可分为单纯树丛和混交树丛两类。在功能上，除作为绿地空间的构图骨架之外，还有作庇荫用的、作主景用的、作引导用的、作配景用的等。树丛既可以作局部主景，也可以作配景、障景、隔景或背景。

作庇荫的树丛，最好采用单纯树丛形式，一般不用灌木或少用灌木配置，通常以树冠开张的高大乔木为宜，树丛下可以放置自然山石或设置座椅，以增加野趣和供游人休息。而作为构图艺术的主景树丛、引导树丛、配景树丛，则多采用乔灌木混交的形式。

作主景用的树丛，采取针阔叶混交观赏效果好，可在大草坪中央、水边、土丘上、林带边缘作主景的焦点。而作引导用的树丛，多布置在绿地的进口、道路交叉口和道路转弯的地方，还可以作小路分支的标志或遮蔽小路。

树丛配置必须符合多样统一的原理，既要有调和，又要有对比。常见的树丛配置有以下几种形式：

1. 二株丛植

最好采用同一种树种或外观相似的不同树种，但树木的形体、姿态、动势有所差别，要分出主次，才能使树丛活泼，如图 1-4-20 所示。如果两株植物大小、树姿等完全一致，就会显得呆板；如果差异过大，又显得不协调。两株的栽植间距要小于两株树冠半径之和。距离过大，不成树丛；距离过小，则影响单株形体美的发挥和展现。在造型上一般选择一倚一直，一仰一俯的不同姿态进行配置，使之互相呼应，顾盼有情。

2. 三株丛植

最好选用同一个树种，最多为两个树种，且两树种形态相近。三株树丛植，立面上大小、树姿上要有对比；平面上忌成一条直线，也不要成等边和等腰三角形，应为不等边三角形，如图 1-4-21 所示，三株树大小不一，形成两组，最大的一株与最小的一株成为一组，中等大小的一株为一组。两小组在动势上要有呼应，顾盼有情，形成一个不可分割的整体，如图 1-4-22 所示，不能太散，也不能太密集，散则无情，密则病。

图 1-4-20　两株丛植

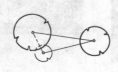 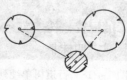

图 1-4-21　三株丛植

3. 四株丛植

四株配置在一起，树种最多有两种，且树形相似，在平面上一般呈不等边三角形或不等边四角形，立面及株距的变化基本等同三株丛植形式，如图 1-4-23 所示。四株树不能栽植成一条直线，要分组栽植，可分为两组或三组，呈 3∶1 组合或 2∶1∶1 组合，不宜采用 2∶2 的对等栽植。如果是两种树种，最大的和最小的为一种，或者最小的单独一种，位于三角形中心，如图 1-4-24 所示。

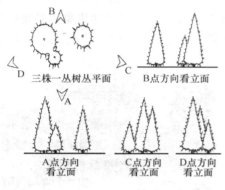

图 1-4-22　从不同的角度看三株丛植

图 1-4-23　四株丛植

4. 五株丛植

五株丛植的变化较为丰富，但树种最多不超过三种。五株树丛可以分为两组，可以是 4∶2，也可以是 4∶1，其基本要求与二株、三株配置相同。在 3∶2 的配置中，最大的一株要布置在三株的一组中，两组的距离不能太远，在 4∶1 的配置中，一株一组的不能是最大的也不能是最小的，如图 1-4-25 所示。构图可以是不等边三角形、四边形、五边形。同一树种不能全放在一组中。

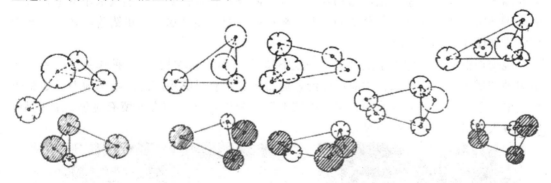

图 1-4-24　四株丛植　　　　　　　　　图 1-4-25　五株丛植

树木的配置，株数越多，配置起来越复杂，但是都有一定的规律性：三株是由一株和两株组成，四株是由三株和一株组成，五株则是由一株和四株或三株和两株组成，六株以上依此类推。一般树丛总株数七株以下时不宜超过三种树种，十五株以下、七株以上时不宜超过五种树种。

（五）群植

群植是指由 10～30 株树木组合种植的一种配置形式，主要表现群体美。园林中常用以分隔空间、增加空间层次，起隔离、屏障等作用。树群本身可作主景，可作配景，也可作漏景，通过树干间隙透视远处景物，具有一定的风景效果。

树群可分为单纯树群和混交树群，一般采用混交树群的较多。单纯树群只有一种树木，其下应有阴性多年生草花作地被植物，树群整体统一，气势大，突出个性美，但是景观单调，缺乏层次，如图 1-4-26 所示。混交树群由多种树木混合组成，是树群设计的主要形式，通常是由大乔木、亚乔木、大灌木、中小灌木以及多年生草本植物所构成的复合体，如图 1-4-27 所示。混交树群层次丰富，接近自然，景观多姿多彩，群落持久稳定。

图 1-4-26　单纯树群　　　　　　　　　　　　图 1-4-27　混交树群

群植设计时，注意常绿、落叶及观花、观叶混交，其平面布局多采用复层混交及小块状混交与点状混交相结合。树木间距有疏有密，任意相邻的三棵树之间多呈不等边三角形布局，尤其是树群边缘，灌木配置更要有变化。配置时要注意群体的结构和植物个体之间相互消长的关系，一般来说，高的宜种在中间，矮的宜栽在外边，常绿乔木栽在开花灌木的后面作背景。阳性植物栽在阳面，阴性植物栽在阴面，小灌木作下木。灌木的外围还可以用草花作为与草地的过渡，树群的外貌要使林冠线起伏错落，林缘线富于变化，如图 1-4-28 所示。

混交树群的树木种类不宜过多，一般不超过 10 种，常选用 1～2 种作基调树种，其他树种作搭配。树群在园林中应用广泛，通常布置在有足够距离的开敞场地上，如宽阔的空地、水中岛屿、大水面的滨岸、山坡上等。树群观赏面前方要留有足够观赏视距，以供游人观赏，如图 1-4-29 所示。

图 1-4-28　富于林缘变化的群植　　　　　　图 1-4-29　足够观赏视距的群植

（六）树林设计

树林设计是指成片、成块种植的大面积树木景观的一种配置形式。多在市区的大中型公园以及郊区的森林公园、休疗养地以及防护林带设置，能够保护环境，美化城市。从结构上可分为密林和疏林。

密林是指郁闭度较高的树林，郁闭度在 0.7～1.0 之间，一般不对游人开放。密林分为单纯密林和混交密林。单纯密林具有简洁、壮观的特点，但是层次单一，缺少丰富的季相，稳定性也较差。混交密林具有多层结构，通常 3～4 层，类似于树群，但比树群规模要大，注重生态效果，兼顾植物层次和季相变化，如图 1-4-30 所示。

疏林郁闭度在 0.4～0.6 之间，多为单纯乔木林，也可配置一些花灌木，疏林常与草地结合，一般称疏林草地，是园林中应用最多的一种形式。疏林树木的间距一般为 10～20m，林间留出足够的空间，以供游人活动，如图 1-4-31 所示。在树种的选择上要求树木有较高的观赏价值，树木生长健壮，树冠疏朗开展，要有一定的落叶树种。

图 1-4-30 密林　　　　　　　　　　图 1-4-31 疏林

（七）绿篱设计

绿篱是用耐修剪的灌木或小乔木，以相等距离的株行距，单行或双行排列并修剪而成的规则绿带。在园林绿地中常用作边界、空间划分、屏障，或作为花坛、花境、喷泉、雕塑的背景与基础造景等。

1. 绿篱的类型

（1）根据绿篱的高度分类

绿篱按其高度分为绿墙（1.6m 以上）、高篱（1.2～1.6m）、中篱（0.5～1.2m，图 1-4-32）和矮篱（0.2～0.5m，图 1-4-33）。

图 1-4-32 中篱　　　　　　　　　　图 1-4-33 矮篱

（2）根据功能要求和观赏要求分类

① 常绿篱：园林中应用最多的绿篱形式，常修剪成规则式。常用的树种有桧柏、侧柏、大叶黄杨、女贞、冬青、小叶女贞、小叶黄杨、海桐等。

② 花篱：大多用开花灌木修剪而成，一般多用于重点美化地段，常用的树种有丁香、珍珠梅属、榆叶梅、绣线菊属、蔓性月季（图1-4-34）、迎春、连翘属、太平花等。

③ 观果篱：常由果实色彩鲜艳的灌木组成，常用的树种有枸杞、火棘、紫珠、忍冬、胡颓子、花椒等。

④ 编篱：通常由枝条柔韧的灌木编制而成，常用的树种有木槿、紫穗槐、枸杞等，如图1-4-35所示。

⑤ 刺篱：由带刺的灌木组成，常用的树种有黄刺玫、小檗、皂角、胡颓子等。

⑥ 落叶篱：由一般的落叶小乔木组成，常用的树种有茶条槭等。

⑦ 蔓篱：由蔓性或攀缘植物组成，常用的植物有五叶地锦、蔓性月季。

图1-4-34　花篱

图1-4-35　编篱

2. 绿篱的作用和功能

（1）作防范和防护用。

（2）作为绿地的边饰和美化材料。

（3）屏障和组织空间。

（4）作为园林景观背景。

（5）用绿篱组成迷园。

（6）作为建筑构筑物的基础栽植。

（7）用矮小的绿篱构成各种图案和纹样。

三、草本花卉造景设计

草本花卉表现的是植物的群体美，是最柔美、最艳丽的植物类型，一年四季中有三季都是靠它来增加园林的色彩和景观。草本花卉可分为一、二年生草花，多年生草花及宿根花卉，株高一般在10~60cm之间。草本花卉一般用于布置花坛、花池、花境或作地被植物使用，主要作用是烘托气氛、丰富园林景观，如图1-4-36所示。

1. 花坛

花坛是指在具有一定几何轮廓的种植床内，种植不同色彩的花卉或其他植物材料，以供观赏，表现的是植物的群体美，具有较高的装饰性和观赏价值，在园林构图中常作为主景或配景。

（1）花坛分类

花坛根据对植物的观赏要求不同，基本上可以分为盛花花坛、毛毡花坛、立体花坛、草皮花坛、木本植物花坛及混合式花坛等；根据季节分为早春花坛、夏季花坛、秋季花坛、冬季花坛和永久花坛；根据花坛规划类型可分为独立花坛、花坛群和带状花坛等多种花坛。

① 独立花坛

独立花坛大多作为局部的构图中心，一般布置在轴线的焦点、道路交叉口或大型建筑前的广场上作主景。面积不宜过大，若是太大，需与雕塑、喷泉或树丛等结合起来布置，才能取得良好的效果，如图1-4-37所示。

图1-4-36　花坛

图1-4-37　独立花坛

②花坛群

花坛群是由许多花坛组成的不可分割的整体，组成花坛群的各花坛之间是用小路或草坪互相联系的，如图1-4-38所示。花坛群的用苗量大、管理费工、造价高，因此除在重点布置的地方，一般不随便应用。

③带状花坛

花坛的外形为狭长形，长度比宽度大三倍以上，可以布置在道路两侧、大草坪周围或作大草坪的镶边。带状花坛可分成若干段落，作有节奏的简单重复，如图1-4-39所示。

图1-4-38　花坛群

图1-4-39　带状花坛

（2）花坛设计的原则

①主题原则：作为主景的花坛，花坛的图案和模纹都应强调和烘托主题，如图 1-4-40 所示。

②美学原则：花坛的设计主要应体现美，包括形式美、色彩美、风格美等，如图 1-4-41 所示。

③文化性原则：花坛的设计要能体现城市的文化内涵，形成特色。

④花坛布置与环境相协调原则：花坛的风格与外形轮廓均应与外界环境相协调。

⑤花坛植物选择原则：因花坛种类和观赏特点而异。

图 1-4-40　花坛的主题原则

图 1-4-41　花坛的美学原则

（3）花坛的设计

花坛设计包括花坛的外形轮廓、花坛高度、边缘处理、花坛内部的纹样、色彩的设计以及植物的选配等。

花坛突出的是植物的色彩和图案，多采用一、二年生草本花卉，少用木本和观叶植物。花坛用花要求花期一致、开花繁茂、株形整齐、花色鲜艳、开花时间长。栽植时要距离适宜，在开花时，达到只见花、不见叶的效果。花坛常作为园林局部的主景，一般布置在广场中心、公共建筑前、公园出入口空旷地、道路交叉口等处。花坛可以独立布置，也可以与雕塑、喷泉或树丛等结合布置。

2. 花境

花境即沿着花园的边界或路缘种植花卉，是模拟自然界中林地边缘地带多种野生花卉交错生长的状态，运用艺术手法提炼、设计成的一种花卉应用形式。它与花坛的不同之处在于它的平面形状较自由灵活，可以直线布置如带状花坛，也可以作自由曲线布置，花境表现的主题是花卉形成的群体景观外貌。

（1）花境的位置

①设在道路边缘：常用于单面观赏，以深绿色常绿乔灌木或绿篱为背景，各种颜色的花卉交错配置，配置密度以成年后不漏土面为度，如图 1-4-42 所示。

②设在园路的两侧：构成花径，可以是一色的或多色呈色块状配置。

③设在草坪的边缘：可以柔化草坪的线条和单调的色彩，增加草坪的曲线美和色彩美，如图 1-4-43 所示。

图 1-4-42　路旁的花境　　　　　　　　图 1-4-43　草坪边缘的花境

④设在建筑构筑物的边缘：可与基础栽植结合，以绿篱或花灌木作为背景，前面种多年生花卉，边缘铺草坪。

（2）花境的植物选择

各种花卉的配置既要考虑同一季节中的不同花卉的对比，又要考虑到一年中的季相变化。花卉依花境的自然条件相应而设。

花境常用植物有铃兰、荷包牡丹、耧斗菜、鸢尾、钓钟柳、美国石竹、荆芥、金鸡菊、紫露草、薄荷、宿根福禄考、大滨菊、月见草、火炬花、萱草、蓍草、婆婆纳、玉簪、蛇鞭菊、落新妇、堆心菊、假龙头花、景天、紫菀、小菊等。

（3）花境的应用

花境用地一般要求有较长的地段，过短不适合做花境布置，可呈块状、带状、片状等。花境从形式上看是介于规则式与自然式之间的一种设计形式，也是草本花卉与木本植物结合设计的一种植物配植形式，广泛运用于各类绿地，通常沿建筑基础的墙边、道路两侧、台阶两旁、挡土墙边、斜坡地、林缘、水畔、池边、草坪边以及与绿篱、花架、游廊结合布置。

四、草坪的设计

草坪可以塑造开阔的景观，结合树木的设计，可以塑造开朗风景与闭锁风景适中的自然景观，其主要功能是为园林绿地提供一个有生命的底色，因草坪低矮、空旷、统一，能同植物及其他园林要素较好结合，在各类园林绿地中应用广泛，如图 1-4-44 所示。

草坪一般分为冷季型草坪与暖季型草坪。冷季型草坪绿期长，观赏效果好，但养护管理费工、费力、费水，病虫害多，适合精细管理的重点地段；暖季型草坪绿期短，但养护管理容易，适合粗放管理的一般地段，应根据实际情况和造景需要选择草坪草种。

草坪在地形处理时，应从自然排水、水土保持、游园活动和艺术构图等方面综合考虑对草坪坡度的要求。草坪最小坡度应满足地面自然排水要求，一般为 0.002～0.005，且不宜有起伏交替的地形，以利于排水，必要时可埋设盲沟；草坪最大坡度以不超过该土壤的自然安息角为宜（一般为 30°左右），以防水土流失或发生崩塌现象。超过土壤自然安息角的地形，应采用工程措施加以护坡；草坪坡度还应从使用功能和艺术构图上加以考虑，如图 1-4-45 所示。

图 1-4-44　草坪形成的开敞景观　　　　图 1-4-45　草坪与模纹相结合

五、水生植物种植设计

1. 水生植物的设计原则

（1）疏密有致，若断若续，不宜过满

一般水生植物的覆盖面积占水面总面积的 50%～65% 为宜。如果满栽会使水面看不到倒影，失去扩大空间的作用和水面平静的感觉；也不要沿岸种满一圈，而应该有疏有密，有断有续。

（2）植物种类和配置方式因水体大小而异

选择时要充分了解各种水生植物的生长特性，注意株形大小、色彩搭配与植株的观赏风格等协调一致，与周围环境相互融合。可以是单纯一种，如在较大水面种植荷花等，如图 1-4-46 所示；也可以几种混植，混植时的植物搭配除了要考虑植物生态要求外，在美化效果上要考虑有主次之分，以形成一定的特色，如图 1-4-47 所示。

（3）安装设施，控制生长

水生植物通常应先栽植在容器内，然后再放入水中，避免疏松的土壤直接入池产生浑浊，增加养护过程中枯枝、残叶消除的难度与力度。

图 1-4-46　荷花　　　　　　图 1-4-47　充分利用水生植物增加特色

2. 驳岸的种类

驳岸一般有自然驳岸（图1-4-48）和人工驳岸（图1-4-49）两种。

图 1-4-48　自然驳岸（土岸）　　　　　图 1-4-49　人工驳岸（石岸）

六、攀缘植物

1. 攀缘植物的生物学特性及应用

攀缘植物不能独立生长，必须以某种方式攀附于其他物体上，这个特性使园林绿化能够从平面向立体空间延伸，增加了城市绿化的组成部分。现在已被广泛用于建筑（图1-4-50）、墙面、棚架、绿廊、凉亭、篱垣、阳台、屋顶、立交桥（图1-4-51）等处进行垂直绿化。

图 1-4-50　建筑的垂直绿化　　　　　图 1-4-51　立交桥的垂直绿化

2. 攀缘植物的分类

（1）缠绕类攀缘植物：茎缠绕支撑物呈螺旋状向上生长，如紫藤（图1-4-52）、牵牛花等。

（2）卷须类攀缘植物：借助卷须、叶柄等卷攀他物而使植株向上生长，如葡萄、五叶地锦（图1-4-53）、香豌豆等。

（3）吸附类攀缘植物：枝蔓借助于黏性吸盘或吸附气生根而稳定于他物表面，支持植株向上生长，如爬山虎、扶芳藤等。

（4）蔓生类攀缘植物：植株借助于藤蔓上的钩刺攀附，或以蔓条架靠他物而向上生长，如木香、野蔷薇等。

图 1-4-52　紫藤　　　　　　　　　　图 1-4-53　五叶地锦

【思考与练习】

1. 园林地形有哪些功能和作用？如何进行地形设计？

2. 水体有哪些特征？如何进行水体设计布局？

3. 在园林设计中如何发挥水体的作用？

4. 园林建筑和小品有哪些特点和作用？如何进行园林建筑与小品的设计布局？

5. 园路的规划布局形式有哪几种？举例说明。

6. 如何进行园路设计？

7. 园林植物的造景作用有哪些？举例说明。

8. 园林植物种植设计的基本原则是什么？

9. 试分析乔灌木的规则式配置与自然式配置的不同。

10. 园林树木配置形式有哪些？

11. 花卉有哪些布置形式？

技能训练

技能训练一　地形与水体设计

一、实训目的

熟悉地形与水体的特点及其在园林中的作用，熟练掌握地形与水体的设计方法，有效完成园林绿地的地形与水体设计。

二、内容与要求

完成某方案的地形与水体设计，结合现状，因地制宜，使地形设计能够最大限度发挥其景观功能，并为其他元素提供很好的基础。合理进行水体布局，科学设计水体形式，充分发挥其景观功能，使设计科学美观（图 1-4-54 仅供参考）。

三、方法步骤

1. 根据现状特点及功能分区，制定该绿地的地形与水体规划布局方案。

2. 合理进行水体布局，并设计出水体形式。

3. 绘制该绿地地形与水体设计的平面图。

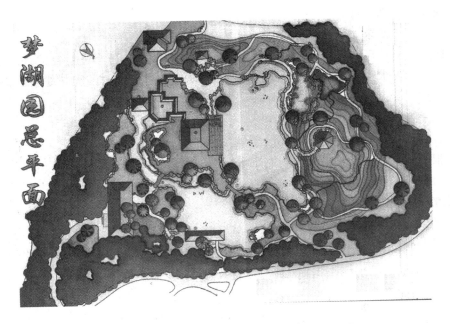

图 1-4-54 梦湖园总平面图

技能训练二 园林建筑与小品设计

一、实训目的

熟悉建筑与小品在园林中的作用,掌握园林建筑与小品在园林中的布局要求和方法,能够完成建筑与小品在园林中的科学布局。

二、内容与要求

完成某方案的建筑与小品的规划布局。结合现状,依据建筑与小品的功能与特点,完成建筑与小品布局,充分发挥其景观功能,使设计科学美观(图 1-4-54 仅供参考)。

三、方法步骤

1. 按地形特点及功能区域,合理安排建筑布局。

2. 根据地形特点及功能分区,制定该绿地的建筑与小品规划布局方案。

3. 绘制该绿地建筑与小品布局的平面图。

技能训练三 园路设计

一、实训目的

熟悉园路在园林中的作用与类型,掌握园路在园林中的布局特点与设计技巧,

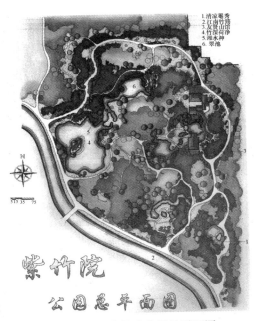

1. 清凉罨秀
2. 江南竹韵馆
3. 友贤山馆
4. 竹深荷净
5. 湘水神
6. 翠池

图 1-4-55 紫竹院公园总平面图

能够完成园路平面设计。

二、内容与要求

根据所给场地现状进行分析，结合园路设计的要求和技巧，进行自然式园路设计。要求满足使用需求，构图美观、合理，注意与其他园林要素的搭配与结合（图 1-4-55 仅供参考）。

三、方法步骤

1. 按地形特点及功能区域，测绘整体及各区地形图。

2. 根据地形特点及功能分区，制定该绿地的道路平面规划布局方案。

3. 绘制该绿地道路布局的平面图。

技能训练四　植物种植设计

一、实训目的

掌握园林植物种植设计的方法与技巧，能够完成园林绿地设计方案的种植设计，使之科学美观。

二、内容与要求

完成给定方案的种植设计，发挥自己的想象力和创造力，结合设计现状将各种植物配置形式穿插其中，使该设计更加完善，内容更加丰富（图 1-4-55 仅供参考）。

三、方法步骤

1. 根据现状特点及功能分区，制定该绿地的种植设计风格与规划布局方案。

2. 根据其他园林要素合理进行植物配置。

3. 绘制该绿地种植设计的平面图。

4. 列出植物图例表。

项目二　园林规划设计基本理论的应用

【内容提要】

　　园林规划设计基本理论主要包括园林布局以及园林艺术构图基本法则的应用，在园林造景和组织景观时，有一套完整的园林艺术理论，若运用得当，可大大增加园林绿地的美感和艺术品位，使之具有强盛的生命力，令人得到美的陶冶，同时又回味深长。本项目就园林布局和园林规划设计基本原理的应用这两个学习任务进行阐述，通过本项目的学习，使同学们掌握园林设计基本原理在园林中的应用方法，为以后进行园林设计岗位的工作奠定基础。

任务一　园林布局

【知识点】

　　了解园林布局的分类。
　　掌握不同园林布局园林要素造景特点。

【技能点】

　　能够根据绿地性质进行合理布局。
　　能够运用园林布局突出园林绿地造景特色。

相关知识

　　园林布局，即在园林选址、构思（立意）的基础上，设计者在孕育园林作品过程中所进行的思维活动。主要包括选取、提炼题材；酝酿、确定主景、配景；功能分区；景点、游赏路线分布；探索采用的园林形式等。可以把园林的布局形式分为三类：规则式、自然式和混合式。

一、规则式园林

规则式园林又称整形式园林、几何式园林、建筑式园林，以法国的凡尔赛宫为代表（图 2-1-1）。整个平面布局、立体造型，以及建筑、广场、道路、水面、花草树木等都要求严整对称，如图 2-1-2 所示。在 18 世纪英国风景园林产生之前，西方园林主要以规则式为主，在我国，规则式园林布局常用于宫苑建筑周围、纪念性建筑周围，私家庭院很少采用。如我国北京的故宫、天坛都采用规则式布局，给人以庄严、雄伟、整齐之感。

图 2-1-1　凡尔赛宫园林

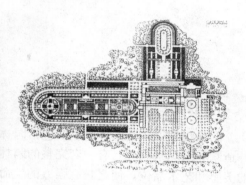

图 2-1-2　凡尔赛宫平面图

（一）总体布局

全园由明显的中轴线来控制全局，主轴线和次要轴线组成轴线系统，或相互垂直，或呈放射状分布，在整体布局中大抵依中轴线的左右前后对称或拟对称布置，园地的划分大都成为几何形体。

（二）地形

在开阔较平坦地段，其地形由不同标高的水平面、台地及缓慢倾斜的平面组成，如图 2-1-3 所示；在山地及丘陵地段，由阶梯式的大小不同水平台地、倾斜平面及石级组成，其剖面均由直线所组成。

（三）水体

其外形轮廓均为几何形，主要是圆形和长方形，水体的驳岸多整形、垂直，有时加以雕塑。园林水景的类型以整形水池、喷泉、壁泉、整形瀑布及运河为主，其中常以喷泉作为水景的主题。在欧式园林中，古代神话雕塑与喷泉常构成水景的主要内容，如图 2-1-4 所示。

（四）广场和道路

园林中广场多呈规则对称的几何形，主轴和副轴线上的广场形成主次分明的系统；道路均为直线形、折线形或几何曲线形。广场与道路构成方格形式、环状放射形、中轴对称或不对称的几何布局，如图 2-1-5 所示。

图 2-1-3　规则式园林地形

图 2-1-4　规则式园林水体多与雕塑结合

（五）建筑

园林不仅单体建筑采用中轴对称均衡的设计，建筑群和大规模建筑组群的布局，也采取中轴对称均衡的手法，以主要建筑群和次要建筑群形式与广场、道路相组合的主轴和副轴系统，形成控制全园的总格局，如图 2-1-6 所示。

图 2-1-5　规则式园林广场与道路

图 2-1-6　规则式园林建筑沿轴线对称

（六）种植设计

配合中轴对称的总格局，全园树木配置以列植、对植为主，园内花卉布置用以图案为主题的模纹花坛和花带为主，有时布置成大规模的花坛群，并运用大量的绿篱、绿墙以区划和组织空间。树木修剪整形多模拟建筑形体、动物造型，绿亭、绿篱、绿墙（图 2-1-7）、绿门、绿柱为规则式园林较突出的特点。

图 2-1-7　规则式园林中的绿墙

图 2-1-8　规则式园林中的小品

（七）园林小品

除建筑、花坛群、规则式水景和大型喷泉为主景以外，还常采用盆树、盆花、瓶饰、雕塑为主要景物。雕塑的基座为规则式，位置多配置于轴线的起点、终点或交叉点上，常与喷泉、水池构成水景主景，如图 2-1-8 所示。

二、自然式园林

自然式园林又称为风景式、不规则式、山水派园林。我国传统私家园林多为自然式布局，以江南私家园林风格最为典型。由建筑、山水、花木合理组合成一个综合体，叠石理水、植物配置都富有诗情画意，讲究"虽由人作，宛自天开"的境界，在方寸之间创造出咫尺山林。

（一）总体布局

自然式园林布局自由，大多由建筑、围墙、山石、植物自然围合。自然式园林的创作讲究"相地合宜，构园得体"。主要处理地形的手法是"高方欲就亭台，低凹可开池沼"的"得景随形"，如图 2-1-9 所示。

（二）地形

自然式园林的主要特征是"自成天然之趣"，所以，在园林中，多模拟自然界的地貌类型，塑造多变的地形起伏，为创造优美环境和园林意境奠定物质基础。平原地带，地形为自然起伏的和缓地形与人工堆置的若干自然起伏的土丘相结合，其断面为和缓的曲线。在山地和丘陵地，则利用自然地形地貌，除建筑和广场基地以外，均做成自然起伏，如图 2-1-10 所示。

图 2-1-9　自然式园林

图 2-1-10　自然式园林中的微地形

（三）水体

自然式园林的水体轮廓为自然的曲线，水面形式随园林的大小及地势的起伏，或开阔舒展，或萦回曲折，可分为静态水景与动态水景。静态水景的平面轮廓均由自由流畅的曲线组成，形成湖或池，如图 2-1-11 所示，水面设岛塑造自然而丰富的水景层次。动态水景常与山石相结合做假山瀑布，或做成溪涧、河流、自然式瀑布等水景，常以瀑布为水景主题，如图 2-1-12 所示。水岸为自然曲线的倾斜坡度，驳岸主要用自然山石驳岸、石矶等形式。在建筑附近或根据造景需要也部分用条石砌成直线或折线驳岸。

图 2-1-11 静态水景

图 2-1-12 动态水景

(四)广场与园路

除建筑前广场为规则式外，园林中的广场的外轮廓均为自然式的。自然式园林的道路平面为自然曲线，剖面由竖曲线组成。道路的铺装形式活泼多样，多采用形式活泼的块状铺装，常见的有预制块铺装（图 2-1-13）、嵌草路、冰纹路、彩色图案路（图 2-1-14）等。

图 2-1-13 预制块铺装

图 2-1-14 彩色图案路

(五)建筑

园林内单体建筑为对称或不对称均衡的布局，其建筑群和大规模建筑组群，多采取不对称均衡的布局。建筑通常随形就势，可布置在平地、山地或水边等，既作为赏景之处，又能单独成景，如图 2-1-15 所示。建筑形式多采用亭、廊、榭、舫、楼、阁、轩、馆、台、塔、厅、堂、桥、花架等，在建筑的造型上可灵活设计，如亭有四角亭、六角亭、八角亭、圆亭、扇形亭、攒尖顶亭、歇山亭等多种。

(六)种植设计

自然式园林的植物反映自然界植物群落之美，不成行成列栽植，花卉布置以花丛、花境为主，树木不修剪整形，以孤植树、树丛为主，以自然的树丛、树群、树带来区划和组织园林空间如图 2-1-16 所示。

图 2-1-15　自然式园林建筑　　　　　　图 2-1-16　自然式园林植物

（七）园林小品

自然式园林常采用山石、桩景、盆景、雕刻、景墙、门洞、汀步、园椅、指示牌等园林小品。园林小品的造型、色彩及位置均应与周边环境相协调，能融入周边景观，为园林增彩。

三、混合式园林

混合式园林是指规则式、自然式交错组合，全园没有或不形成控制全园的中轴线和副轴线，只有局部景区、建筑以中轴对称布局，或全园没有明显的自然山水骨架，不形成自然格局，如图 2-1-17 所示。一般情况，多结合地形，在原地形平坦或树木少处，根据总体规划需要安排规则式的布局。在原地形条件较为复杂，具备起伏不平的丘陵、山谷、洼地或水面多处，可结合地形规划成自然式。

一般大面积园林，以自然式为宜，小面积以规则式较经济。四周环境为规则式，宜规划成规则式；四周环境为自然式，则宜规划成自然式。林荫道、建筑广场的街心花园等以规则式为宜，居民区、机关、工厂、体育馆、大型建筑物前的绿地以混合式为宜（图 2-1-18）。

图 2-1-17　混合式园林　　　　　　　图 2-1-18　混合式园林

任务二 园林规划设计基本原理的应用

【知识点】

掌握园林造景的方法。

掌握园林艺术空间构图的基本法则。

【技能点】

能够运用园林美学知识和园林艺术基本原理对园林设计方案和现有园林进行评价。

能够运用造景、组景手法创造园林空间。

相关知识

一、园林规划设计基本理论的应用

（一）多样统一原则

多样统一原则是指园林中的组成部分，它们的体形、体量、色彩、线条、形式、风格等，要求有一定程度的相似性或一致性，给人以统一的感觉，而由于一致性的程度不同，引起统一感的强弱也不同。多样统一是形式美的最高准则，它与其他法则有着密切的关系，起着"统帅"作用。

在园林规划设计中要求各园林要素要协调统一，而在统一中又要追求变化，以突出主景特色。统一用在园林中所指的方面很多，例如形式与风格、造园材料、色彩、线条等。统一可产生整齐、协调、庄严肃穆的感觉，但过分统一则会产生呆板、单调的感觉，所以常在统一之上加一个"多样"，就是要求在艺术形式的多样变化中，有其内在的和谐统一关系。

1. 形式与内容的多样统一

不同性质的园林，有与其相对应的不同的园林形式。应当明确园林的主题与格调，然后决定切合主题的园林形式。形式服从于园林的内容，体现园林的特性，表达园林的主题。如在西方规则式园林中，常运用几何式花坛，修剪成整齐的树木来创造园林，元素与园林、局部与总体之间便表现出形状上的统一，如图 2-2-1 所示。

2. 局部与整体的多样统一

在同一园林中，景区各具特色，但就全园总体而言，其风格造型、色彩变化均应保持与全园整体基本协调，在变化中求完整统一，寓变化多样于整体统一之中，求形式与内容的统一，使局部与整体在变化中求协调，达到整体风格的一致，如图 2-2-2 所示。

3. 风格的多样与统一

一种风格的形成，与气候、国别、民族差异、文化及历史背景有关，它是在历史的发展变化中逐渐形成的。西方园林以规则式为代表，体现改造自然、征服自然的几何造园风格，如图 2-2-3 所示，中国园林以自然山水为其特色，体现天人合一的自然风格。西方园林把许多神像规划于室外的园林空间中，而且多数放置在轴线上或轴线的交点上，而中国的神像一般供奉于名山大川的殿堂之中，这是东西方的文化和意识形态不同造成的，这说明风格具有历史性和地域性。

图 2-2-1　形式与内容的多样统一

图 2-2-2　局部与整体的多样统一

4. 形体的多样与统一

园林要素的形体可分为单个形体与组合形体，几何式形体容易形成统一感。形体组合的变化统一可运用两种办法：其一是以主体的主要部分去统一各次要部分，各次要部分服从或类似于主体，起衬托呼应主体的作用；其二是对于某一群体空间而言，用整体体形以及色彩、动势去统一各局部体形或细部线条，如图 2-2-4 所示。

图 2-2-3　欧式风格园林

图 2-2-4　形体的多样与统一

5. 图形线条的多样与统一

图形线条的多样与统一是指各图形本身总的线条图案与局部线条图案的变化统一。在堆山掇石时尤其注意线条的统一，一般用一种石料堆成，它的色调比较统一，外形纹理比较接近，堆在一起时要注意整体上的线条统一，纹理顺畅，如图 2-2-5 所示。

6. 材料与质地的变化与统一

一组建筑，一座假山，一堵墙面，无论是单体或是群体，它们在选材方面既要有变化，又要保持整体的一致性，这样才能显示景物的本质特征，如图 2-2-6 所示。如湖石与黄石假山用材就不可混杂，片石墙面和水泥墙面必须有主次比例。一组建筑，木构、石构、砖构必有一主，切不可等量混杂，这样，才能达到整体和谐统一。

图 2-2-5　假山线条的多样与统一　　　　图 2-2-6　假山、驳岸材质的多样与统一

（二）对比与调和

对比与调和是布局中运用统一与变化的基本规律。对比，是借两种或多种性状有差异的景物之间的对照，使彼此不同的特色更加明显，使个性更加突出。形体、色彩、质感等构成要素之间的差异和反差是设计个性表达的基础，能产生鲜明强烈的形态情感，视觉效果更加活跃，如图 2-2-7 所示。

相反，在不同事物中，强调共同因素以达到协调的效果，称为调和。同质部分多，调和关系占主导；异质部分多，对比关系占主导。调和关系占主导时，形体、色彩、质感等方面产生的微小差异称为微差，当微差积累到一定程度时，调和关系便转化为对比关系。

对比关系主要是通过视觉形象色调的明暗、冷暖，色彩的饱和与不饱和，色相的迥异，形状的大小、长短、粗细、曲直、高矮、凹凸、宽窄、厚薄，方向的垂直、水平、倾斜，数量的多少，排列的疏密，位置的上下、左右、远近、高低，形态的虚实、轻重、动静、隐现、软硬、干湿等多方面的对立因素来达到的。对比法则广泛应用在园林规划设计当中，具有很强的实用效果，是我们突出主景的主要手段。

园林中调和的表现是多方面的，如形体、线条、色彩、比例、虚实、明暗等，都可以作为要求调和的对象。单独的一种颜色、单独的一根线条无所谓调和，几种要素具有基本的共通性和融合性才称为调和，如图 2-2-8 所示。比如一组协调的色块，一些排列有序的近似图形等。调和的组合也保持部分的差异性，但当差异性表现强烈和显著时，调和的格局就向对比的格局转化。

图 2-2-7　花带色彩的对比　　　　　　图 2-2-8　黑色石块的调和作用

1. 对比

（1）方向对比

水平与垂直是人们公认的一对方向对比因素。一个碑、塔、阁或雕塑一般是垂直高耸在游人面前的，很容易让游人产生仰慕和崇敬感，它们与地平面存在垂直方向的对比，正是地面的平展才对比衬托出它们的高耸，雄伟。有一个经典的例子就是平静广阔的水面与垂柳下垂的柳丝可形成鲜明的方向对比，对称出柳条的纤细和水面的开阔，使画面更加生动，如图2-2-9所示。

（2）体形大小对比

景物大小不是绝对的，而是相形之下比较而来的。大体量与小体量的物体配置在一起，大的显得更大，而小的显得更小，如图2-2-10所示。如一株亭亭华盖的古树下散点山石数块，益显得古木参天高大。又如一座雕像，本身并不太高，可通过基座以适当的比例加高，而且四周配植人工修剪的矮球形黄杨，便在感觉上加高了雕塑。相反，用笔直的钻天杨或雪松，会觉得雕塑变矮了。

图2-2-9　柳条与水面的方向对比　　　　图2-2-10　植物形体大小对比

（3）色彩对比

园林中的色彩对比，包括色相对比与色度对比两个方面。色相对比是指互补色的对比，如红与绿、黄与紫，实际上只要色彩差异明显即有对比效果，例如我国皇家园林的红色宫墙和绿色树木的对比往往给人以鲜明印象；色度对比是指颜色深浅的对比，如绿色就有深绿、浅绿、嫩绿、墨绿等135种，不用其他颜色只用绿色，就可以创造出丰富优美的景观，如果加上其他颜色，园林色彩将更加丰富多变。

园林中的色彩主要来自植物的叶色与花色、建筑物以及小品的色彩，为了达到烘托或突出建筑的目的，常用浅色和暖色的植物。植物与其他园林要素之间也可运用对比色，如绿色的草坪上配置大红的月季、白色大理石的雕塑、白色油漆的花架，效果很好，如图2-2-11所示；红黄色花卉的搭配使人感到明快而绚丽，如火一般的感觉。

（4）明暗对比

密林与草地相比，因阳光不易进入而成为相对较暗的空间；园林建筑的室内空间与室外空间也存在明暗现象。在林地中开辟林间隙地，是暗中有明；以明为主的草坪上点缀树木，是明中有暗。园林建筑多以密林的暗衬建筑的明，使明的空间成为艺术表现的重点或兴趣中心，如图2-2-12所示。

图 2-2-11　白色雕塑以绿色大树为背景　　　　　图 2-2-12　建筑以密林陪衬

（5）空间对比

园林中空间的对比主要指开敞空间与闭锁空间的对比。在古典园林中，空间的对比相当普遍。如苏州留园的入口既曲折又狭长，且十分封闭，如图 2-2-13 所示，但由于处理得巧妙，应用对比的手法，使其与园内主要空间构成强烈的反差，使游人经过封闭、曲折、狭长的空间后，到达园内中心水池，感到空间的豁然开朗。

北京颐和园，从入口部分，即东宫门，图 2-2-14 后的仁寿殿及其后面的玉澜堂门前到昆明湖畔，遥望远方玉泉山上玉泉塔，对面的玉带桥，视野顿觉开阔，颐和园的湖光山色尽收眼底，正是空间对比的艺术效果。

图 2-2-13　苏州留园入口　　　　　　　　图 2-2-14　颐和园东宫门入口

2. 调和

（1）相似协调

相似协调是指形状基本相同的几何形体、建筑体、花坛、座椅、树木等，其大小及排列不同而产生的协调感。如圆形广场上的座凳是弧形的，转角处的花坛是圆形的，如图 2-2-15 所示。

（2）近似协调

近似协调也称为微差协调，是指相互近似的景物相互配合或重复出现而产生的协调感。如长方形花坛的连续排列，建筑外形轮廓的微差变化（图 2-2-16）等。这近似来源于相似但又并非相似，设计师巧妙地将相似与近似搭配起来使用，从相似中求统一，从近似中求变化。

图 2-2-15　圆形广场的圆形树池

图 2-2-16　建筑轮廓的微差变化

（3）局部与整体的协调

在整个园林空间中，调和表现为局部景区景点与整体的协调、某一景物的各组成部分与整体的协调。如假山的局部用石，纹理必须服从总体用石材料纹理的走向；在民族风格显著的建筑上使用现代建筑的顶瓦、栏杆、门窗装修样式，就会感到不协调；在寺庙园林中若栽种雪松，安装铁花栏杆，配置现代照明灯具，也会觉得格格不入，明显的局部与整体不协调。

（三）均衡与稳定

由于园林景物是由一定的体量和不同材料组成的实体，因而常常表现出不同的重量感，我们学习均衡与稳定原则，是为了获得园林布局的完整和安全感。均衡是指园林布局中的部分与部分的相对关系，例如左与右、前与后的轻重关系等，而稳定是指园林布局的整体上下的轻重关系。

园林布局中要求园林景物的体量关系符合人们在日常生活中形成的平衡安定的概念，所以除少数动势造景（如悬崖、峭壁等）外，一般艺术构图都力求均衡。均衡可分为对称均衡和非对称均衡。

1. 静态均衡

静态均衡又叫对称均衡，有明确的轴线，在轴线左右完全对称。对称本来是规则性很强而易于得到平衡，因此容易获得安定的统一，具有整齐、单纯、寂静、庄严的优点，符合人们的视觉习惯。可是另一方面也兼备了寒冷的、坚固的、呆板的、消极的、古典的、令人生畏等缺点，应避免单纯追求所谓"宏伟气魄"的对称处理。

因为静态均衡常给人庄重严整的感觉，在规则式的园林绿地中采用较多，如纪念性园林、公共建筑的前庭绿化等，有时在某些园林局部也运用。对称均衡可用于行道树、花坛、雕塑、水池的对称布置，也可以用于整个园林绿地建筑、道路的对称布局，如图2-2-17 所示。

2. 动态均衡

动态均衡又叫不对称均衡。在园林绿地的布局中，往往很难做到绝对对称，通常采用不对称均衡的手法。动态均衡就是在平面构图上以视觉中心为支点，各构成要素以此支点保持视觉意义上的平衡。不对称均衡的布置要综合衡量园林绿地构成要素的虚实、质感、色彩、体形、数量、疏密、线条等给人产生的体量感觉，切忌单纯考虑平面的构图。不对称的构图可以使园林显得多样化和无限生动，使单纯变得复杂，如图 2-2-18 所示。

不对称均衡的布置小至树丛、散置山石、自然水池，大至整个园林绿地、风景区的布局，给人以轻松、自由、活泼变化的感觉，所以广泛应用于自然式园林绿地中。

图 2-2-17 静态均衡

图 2-2-18 动态均衡

3. 稳定

这里所说的稳定是指园林建筑、山石和园林植物等上下、大小所呈现的轻重感的关系。在园林布局上，往往在体量上采用下面大，向上逐渐缩小的方法来取得稳定坚固感，如我国古典园林中塔（图 2-2-19）和阁等；另外在园林建筑和山石处理上也常利用材料、质地所给人的不同的重量感来获得稳定感，如在建筑的基部墙面上多用粗石和深色的表面来处理，而上层部分采用较光滑或色彩较浅的材料，如图 2-2-20 所示；在土山带石的土丘上，也往往把山石设置在山麓和山脚部分而给人以稳定感。

图 2-2-19 稳定的塔

图 2-2-20 稳定的天安门城墙

（四）比例与尺度

园林中的比例一般指景物之间或景物各组成部分的相对尺度，而尺度则是景物的整体或局部大小与人体高矮、人体活动空间大小的度量关系，也是人们常见的某些特定标准之间的真实大小关系。

1. 比例

比例包含两方面的意义：一方面是指园林景物、建筑整体，或者它们的某个局部构件本身的长、宽、高之间的大小关系；另一方面是指园林景物、建筑物整体与局部之间空间形体、体量大小的关系。能使人得到协调和美感的比例就是恰当的。

世界公认的最佳数比关系是古希腊毕达哥拉斯学派创立的黄金分割理论：将整体一分为二，较大部分与较小部分之比等于整体与较大部分之比，其比值近似为1：0.618，如图2-2-21所示。但是在实践中，使用方便和容易计算的整数比例更为常用，如线段之间的比例为2：3、3：4、3：5、5：8等整数比。

图 2-2-21　人体的黄金分割比　　　　　图 2-2-22　台阶的宽、高以方便行人使用为准

2. 尺度

尺度是景物、建筑物整体和局部构件的真实尺寸。功能、审美和环境特点决定了园林设计的尺度。园林中的一切都是为人服务的，所以在园林规划设计时要以人为标准，处处考虑人的使用尺度及与环境的关系。如台阶（图2-2-22）的宽度不小于30cm（人脚长），高度为12～19cm为宜，栏杆、窗台高1m左右，月洞门直径2m，座凳高40cm，儿童活动场的座凳高30cm等，使游人在使用的过程中感到舒适，增加游人对园林的满意度。还有以下园林设计尺度需要我们注意：

（1）以人的肩宽600mm来考虑人流股数，设计园路的宽度。通行2股人流的小路宽以1.2～1.5m为宜，通行4股人流的次干道宽以2.4～2.8m为宜。

（2）以汽车的轮距与人流股数设计干道宽度，通行一辆小车与1股人流，则至少要3.2～3.5m宽。

（3）以汽车的平均长和宽设计停车场面积每个车位长为6m，宽为2.8～3m。

（4）以人眼舒适观赏景物的视角确定景物高低比例尺度。如广告宣传画要让人站近看，显得亲切，则要与人体高度相适宜，一般广告宣传画廊的画面中心，应在人眼的平均高度1.6～2m；要让人远看，则要加大比例尺度，一般人体行为尺度是衡量园林景物尺度最明显的依据。

（五）韵律节奏

韵律节奏就是艺术表现中某一因素作有规律的重复，有组织的变化。重复是获得韵律的必要条件，韵律节奏是园林艺术构图多样统一的重要手法之一。当然，只有简单的重复而缺乏有规律的变化，就会令人感到单调、枯燥，应精心设计有规律的重复，创造优美的视觉效果。

1. 连续韵律

一种或多种景观要素有秩序地排列延续，各要素之间保持相对稳定的距离关系。连续韵律在道路绿化中最为常用，尤其是行道树，容易塑造出整齐划一的景观，如图 2-2-23 所示。人工修剪的绿篱，剪成连续的城垛状、波浪状等也能构成连续韵律，但是使用过多则会感觉单调。

2. 交替韵律

两种以上的要素按一定规律相互交替变化反复出现。道路绿化中的"间株杨柳间株桃"的做法，地面铺装中的相间图案（图 2-2-24），踏步与台地的交替出现等，都是典型的交替韵律的运用。

图 2-2-23　行道树的连续韵律

图 2-2-24　园路铺装图案的交替韵律

3. 渐变韵律

一种或数种因素在形象上有规律地起伏、曲折变化，在某一方面按照一定规律变化，逐渐加大或变小，逐渐加宽或变窄，逐渐加长或缩短。如体积大小的逐渐变化、色彩浓淡的逐渐变化等，由于逐渐演变而称为渐变。如十七孔桥的桥洞先由小变大，再由大变小，形成渐变韵律，艺术美感强烈，如图 2-2-25 所示。

4. 旋转韵律

某种要素或线条，按照螺旋状方式反复连续进行，或向上，或向左右发展，从而得到旋转感很强的韵律特征，形成旋转韵律，在图案、花纹、花柱或雕塑设计中比较常见。图 2-2-26 所示为昆明世博园中具有旋转韵律的花柱。

图 2-2-25　十七孔桥桥洞的渐变韵律

图 2-2-26　花柱的旋转韵律

5. 自由韵律

某些要素或线条以自然流畅的方式，不规则但却有一定规律地婉转流动、反复延续，出现自然优美的韵律感，类似云彩或流水的表现方法，构成自由韵律。图 2-2-27 为昆明世博园以自由流畅的线条组成的花带。

6. 拟态韵律

相同元素重复出现，但在细部又有所不同，即构成拟态韵律。如连续排列的花坛在形状上有所变化，花坛内植物图案也有细微变化，统一中有所变化；又如我国古典园林的漏窗（图 2-2-28），也是将形状不同而大小相似的花窗等距排列于墙面上，统一而又不单调。

图 2-2-27　花带的自由韵律

图 2-2-28　漏窗的拟态韵律

7. 起伏曲折韵律

景物构图中的组成部分以高低、起伏、前后、大小、远近、疏密、开合、明暗、浓淡、冷暖、轻重、强弱等无规定周期的连续变化和对比方法，使景观波澜起伏、丰富多彩、变化多端。图 2-2-29 所示为江南园林中构成起伏曲折韵律的云墙。

二、造景

园林之所以令人流连忘返是因为有若干美好的景致使人驻足，造园说到底就是造景，景是构成园林绿地的基本单元，若干景点组成景区，若干景区组成一般园林绿地。

图 2-2-29　云墙的起伏韵律

图 2-2-30　西湖十景之三潭印月

（一）景的含义

景即"风景"、"景致"，是指在园林绿地中，由园林要素的形象、体量、姿态、声音、光线、色彩以至香味等组成，以能引起人的美感为特征的一种供作游憩观赏的空间环境。我国古典园林中常有"景"的提法，如著名的西湖十景（图 2-2-30）、避暑山庄七十二景等。

（二）景的观赏

游人在游览的过程中对园林景观从直接的感官体验，进而得到美的陶冶，产生思想的共鸣。设计师只有掌握游览观赏的基本规律，才能创造出优美的园林环境。

1. 园林美的内涵

园林中的美与我们通常所说的纯艺术美有很大的区别，它必须是生活美，又是艺术美，还是自然美。园林美是生活美、自然美与艺术美的高度统一。

园林中的植被是构成园林中自然美的重要素材，园林植物的美，首先决定于园林植物的自然美，植物的自然美必须是建立在生长健壮、生机盎然、没有病虫危害的基础之上，这样就必须有适宜植物生长的土壤，有合理的灌溉排水系统，要经常施肥，防治病虫害，还要使植物生长发育健壮，为植被生长提供较优越的生存环境，然后再根据设计者的构图艺术进行植物配置、整形修剪，这样的植被才能体现园林中的自然美，如图 2-2-31 所示。

园林美不只是园林组成要素的美，还包大自然环境的美，如大自然的日月星辰、风云雨雪、山川草木、鱼虫鸟兽等，这些也是园林美表现的重要因素，如图 2-2-32 所示，在园林规划中经常利用这些素材来提高园林质量，增加园林景观层次。如古诗人描写的"忽如一夜春风来，千树万树梨花开"场景，就是利用了自然景观来丰富本来比较单调的西域风景，给人以如诗如画的艺术效果，另外园林的声音也是一种自然美，这种自然美对园林的艺术布局有很大影响。而园林里能发出声音的素材是很多的，如看海潮击岸的咆哮声，"飞流直下三千尺"的瀑布发出的轰然如雷的轰鸣声、峡谷溪涧的哗哗声、清泉石上流水的咚咚声、雨水打树叶的滴答声、小河流水叮咚声、空谷传声、风摇松涛声、林中鸟鸣声、树上鸟语、池边蛙奏、麋鹿长啸等，都是大自然的演奏家给予游人以声音上的听觉享受。

图 2-2-31　园林植物美　　　　　　　　　图 2-2-32　自然天象美

2. 园林美的主要内容

（1）山水地形美

利用自然地形地貌，加以适当的改造，形成园林的骨架，使园林具有雄浑、自然、有层次的美感。我国古典园林多为自然山水园。如颐和园水体占全园总面积的 3/4，以水取胜，以山为构图中心，创造了山水地形美的典范，如图 2-2-33 所示。

（2）借用天象美

借大自然的阴晴晨昏、风云雨雪、日月星辰、朝阳晚霞等自然天象进行造景，是形式美的一种特殊表现形态，能给游人留下深刻的视觉效果。西湖十景中的断桥残雪是借雪造景；雷峰夕照是借夕阳造景（图 2-2-34）；山东蓬莱仙境，是借"海市蜃楼"天象奇观进行造景。

图 2-2-33　颐和园山水地形

图 2-2-34　雷峰夕照

（3）再现生境美

模仿自然，创造合理的人工植物群落和良性循环的生态环境，创造空气清新、温度适中的小气候环境。如承德避暑山庄，就是再现生境美的典型例子（图 2-2-35）。

（4）建筑艺术美

园林建筑艺术往往是民族文化和时代潮流的结晶，成景的建筑能起到画龙点睛的作用，成为整体或局部的主景。为满足游人的休息、赏景驻足及园务管理等功能的要求和造景需要，修建一些园林建筑构筑物，包括亭台廊榭、殿堂厅轩、围墙栏杆、展室公厕等。我国古典园林中的建筑数量比较多，代表着中华民族特有的建筑艺术与建筑技法。如北京天坛（图 2-2-36），其建筑艺术无与伦比，其中的回音壁、三音石等令中外游客叹为观止。

图 2-2-35　承德避暑山庄

图 2-2-36　天坛建筑艺术

（5）工程设施美

园林中，游道廊桥、假山水景、电照光影、给水排水、挡土护坡等各项工程设施必须配套，要注意区别于一般的市政设施，在满足工程需要的前提下进行适当的艺术处理，使工程设施本身就成为独特的园林美景。如承德避暑山庄的"日月同辉"，根据光学原理中光的入射角与反射角相等的原理，在文津阁的假山中制作了一个新月形的石孔，光线从石孔射到湖面上，形成月影，再反射到文津阁的平台上，游人站到一定的位置上可以白日见月，出现"日月同辉"的景观，如图 2-2-37 所示。

（6）造型艺术美

园林中的建筑、雕塑、瀑布、喷泉、植物等都讲求造型，这一点在西方古典园林中体现得尤为显著。而中国园林中常运用某些艺术造型来表现某种精神、象征、礼仪、标志、纪念意义，以及某种体形、线条美。如中国建筑传统中的大型建筑前的华表，起初为木制，立于道口供路标和留言用，后成为一种标志，一般石造。如天安门前后各有一对华表（图 2-2-38），柱身雕蟠龙，上有云板和蹲兽，天安门后的蹲兽叫望君出，天安门后的蹲兽叫盼君归。

图 2-2-37　石缝月影

图 2-2-38　华表造型艺术

（7）联想意境美

意境就是通过意象的深化而构成心境应和、神形兼备的艺术境界，也就是主、客观情景交融的艺术境界。联想和意境是我国造园艺术的特征之一，常借助文化中的诗词书画、文物古迹、历史典故等，创造诗情画意的境界，丰富的景物，通过人们的近似联想和对比联想，达到见景生情、体会弦外之音的效果。如扬州个园的"四季假山"，也是运用联想意境美的一个佳例。造园家通过对四季自然景物的典型提炼和概括，使游赏者产生"春山淡冶而如笑，夏山苍翠而如滴（图 2-2-39），秋山明净而如妆，冬山惨淡而如睡（图 2-2-40）"的联想意境美。同时，由于园内游览路线呈环形布局，春夏秋冬四季景色巧妙地安排其中，好似经历着周而复始的四季循环变化，使游赏者领悟到四季的轮回、时间的永恒，体验到某种人生哲理。

3. 赏景方式

（1）静态观赏与动态观赏

静态观赏是指游人的视点与景物位置相对不变，整个风景画面是一幅静态构图，主景、配景、背景、前景、空间组织、构图等固定不变。满足此类观赏，需要安排游人驻足的观赏点及在驻足处可观赏的美景，如图 2-2-41 所示。观赏点一般安排在主景物的南向，景物面南背北，不仅可以争取到好的采光、光照、背风，而且为植物生长创造良好的条件。

图 2-2-39　个园四季假山夏景　　　　　　　　　　　图 2-2-40　个园四季假山冬景

　　动态观赏是指视点与景物位置发生变化，即随着游人观赏角度的变化，景物在发生变化。满足此类观赏，需要在游线上安排不同的风景，使园林"步移而景异"，其视点与景物产生相对位移，如看风景片立体电影，一景一景地不断向后移去，成为一种动态的连续构图，如图 2-2-42 所示。动态观赏可采用步行或乘车、乘船以及索道缆车等。不同赏景方式观景效果不同，乘车的速度快，视野较窄，以至选择性较少，多注意景观的体量、轮廓和天际线，沿途重点景物应有适当视距，并注意景物的连续性、节奏性和整体性；乘船视野较开阔，视线的选择较自由，效果较乘车要好。

图 2-2-41　静态观赏　　　　　　　　　　　　　　图 2-2-42　动态观赏

　　动态观赏就是游，静态观赏主要是息，游而无息使人筋疲力尽，息而不游又失去游览意义。因此，在实际情况中，往往是动静结合。在园林绿地规划时，既要考虑动态观赏下景观的系列布置，又要注意布置某些景点以供游人驻足进行细致观赏。常在动的游览路线下，分别而有系统地布置各种景观。在某些景点，游人在停息之地，对四周景物可进行细致观赏。

　　（2）平视、仰视、俯视观赏

　　平视观赏是指游人的视线与地面平行，游人的头部不必上仰下俯的一种游赏方式。

在平坦草地或河湖之滨，进行观景，景物深远，多为平视。平视观赏的风景给人以平静、安宁、广阔、坦荡、深远的感染力，在水平方向上有近大远小的视觉效果，层次感较强。平视观赏点常安排在安静休息处，设置亭、廊等赏景驻足之地，其前布置可以使视线延伸于无穷远处而又层次丰富的风景。

仰视观赏是指游人的视线向上倾斜与地面有一定的夹角，游人需仰起头部的观赏方式，如图 2-2-43 所示。有些景区险峻难攀，只能在低处瞻望，有时观景后退无地只能抬头，这就需要仰视。仰视观赏的风景给人以雄伟、崇高、威严、紧张的感染力，在向上的方向上有近大远小的效果，高度感强。中国园林中的假山，并不是简单从假山的绝对高度来增加山的高度，而是将游人驻足的观赏点安排在与假山很近的距离内，利用仰视观赏的高耸感突出假山的高度。

俯视观赏是指景物在游人视点下方，游人需低头的观赏方式。居高临下，景色尽收眼底，这就是俯视，如图 2-2-44 所示。俯视风景的观赏可造成惊险、开阔的效果和征服自然的成就感、喜悦感，在向下的方向上有近大远小的效果，深度感强。中国园林中的山体顶端一般都要设亭，就是在制高点设计一个俯视观赏风景的驻足点，使游人体验壮观豪迈、俯视万物的心理感受。

平视、俯视、仰视的观赏，有时不能截然分开，如登高楼、峻岭，先自下而上，一步一步攀登，抬头观看是仰视景物，登上最高处，向四周平望而俯视，然后一步一步向下，眼前又是一组一组俯视景观，故各种视觉的风景安排，应统一考虑，使四面八方高低上下都有很好的风景观赏，又要着重安排最佳观景点，让人停息体验。北海静心斋北部景区地形变化较大，人在其中可借视高的改变而获得不同角度的景观效果。

图 2-2-43　仰视

图 2-2-44　俯视

4. 赏景的视觉规律

一般人的清晰视距为 25～30m，能明确看到景物的细部 30～50m，能识别景物的距离为 150～270m，能看清景物轮廓的视距为 500m，能发现物体的视距为 1200～2000m，但已经没有最佳的观赏效果了，远观山峦、俯瞰大地、仰望太空等，则是观察与联想相结合的综合感受了。

人眼的视域为一不规则的圆锥形。人在观赏前方的景物时的视角范围称为视域，人的正常静观视域，垂直视角最大 130°，最佳垂直视角为小于 30°，水平视角最大 160°，最佳水平视角小于 45°，超过以上视域则要转动头部进行观察。最佳视域可用来控制和分析空间的大小与尺度、确定景物的高度和选择观景点的位置。例如苏州网师园从月到风来亭观对面的射鸭廊、竹外一枝轩和黄石假山时，垂直视角为 30°，水平视角约为45°，均在最佳的范围内，观赏效果较好。

（三）造景手法

1. 主景与配景

在园林绿地中起到控制作用的景叫主景。主景包含两个方面的含义：一是指整个园林中的主景，二是园林中局部空间的主景。配景对主景起陪衬作用，使主景突出，是主景的延伸和补充。

造园必须有主景和配景之分，堆山要有主、次、宾、配，园林建筑要主次分明，植物配置也要有主体树与次要树搭配，处理好主次关系就起到了提纲挈领的作用，主景通过次要景物的配合、陪衬、烘托而得到加强。配景对主景起陪衬作用，不能喧宾夺主，在园林中是主景的延伸和补充。

突出主景有以下几个方法：

（1）主体升高

主景升高，视点位置相对于主景较低，看主景要仰视，形成"鹤立鸡群"的效果，这是最常用的艺术手法。主景升高常与中轴对称的方法联用。一般以简洁明朗的蓝天远山为背景，使主体的造型、轮廓鲜明而突出。如北京天安门广场的人民英雄纪念碑（图 2-2-45）、颐和园前山的佛香阁、法国巴黎凡尔赛宫前路易十四雕像的位置都是在严格中轴对称线的高台上。

（2）面阳的朝向

把主景放在朝阳的位置，因为向南的园林景物会因阳光的照耀而显得明亮，富有生气，生动活泼，山的南向往往成为布置主景的地方。如北京颐和园的佛香阁即坐落于山的南向，成为整个颐和园的视觉中心，如图 2-2-46 所示。

图 2-2-45　人民英雄纪念碑主体升高

图 2-2-46　佛香阁主体朝阳

（3）运用轴线和风景视线的焦点

规则式园林常把主景布置在中轴线的终点或纵横轴线的交点，两侧布置配景，以强调陪衬主景，而自然式园林的主景则常安排于风景透视线的焦点上。在轴线上通常安排主要景物，在主景物前方和两侧，常常配置一对或多对的次要景物，以陪衬主景。一些纪念性广场和纪念性园林中常用这种手法，如苏军烈士墓、广州起义烈士陵园、南京雨花台烈士陵园（图 2-2-47）、美国首都华盛顿纪念性园林、天安门广场、法国凡尔赛宫等。

（4）动势向心

一般四面环抱的空间，如水面、广场、庭院等，四周次要的景色往往具有动势，作为观景点的建筑物均朝向中心，趋向于一个视线的焦点，主景宜布置在这个焦点上。水中景物常因为湖周游人的视线容易到达而成为"众望所归"的焦点，格外突出，如图 2-2-48 所示。

图 2-2-47 南京雨花台烈士陵园

图 2-2-48 水中喷泉动势向心

（5）空间构图的重心

规则式园林构图，主景常居于几何重心，三角形、圆形等图案重心为几何构图中心，往往是突出主景的最佳位置，具有最好的位能效应，如天安门广场中央的人民英雄纪念碑居于广场的几何重心，主景地位非常鲜明，如图 2-2-49 所示。

图 2-2-49 人民英雄纪念碑位于广场几何重心

而自然式园林构图，主景常位于视觉重心上。也是突出主景的非几何中心，但自然山水园的视觉重心忌居正中。如园林中主景假山的位置、不规则树丛主景树的配植位置、水景中主岛的布局，自然式构图中主要建筑的安置，都考虑安排在视觉重心上。

2. 远景、中景、近景

景色的塑造注重空间层次，有远景（背景）、中景、近景（前景）之分。一般中景为主景，远景和近景是为突出中景而设，这样的景观，具有富有层次的感染力。合理地安排前景、中景与背景，可以加深景观的画面，富有层次感，使人获得深远的感受，如图 2-2-50 所示。

为了突出表现某一景物，常把主景适当集中，并在其背后或周围利用建筑墙面、山石、林丛或者草地、水面、天空等作为背景，用色彩、体量、质地、虚实等因素衬托主景，突出景观效果。在连续空间中表现不同的主景，配以不同的背景，则可以产生明确的景观转换效果。如白色雕塑宜用深绿色林木背景（图 2-2-51），而古铜色雕塑则宜采用天空与白色建筑墙面作为背景，一片梅林或碧桃用松柏林或竹林作背景，一片红叶林用灰色近山和蓝紫色远山作背景，都是利用背景突出表现中景的方法。

图 2-2-50　碑体的前景与背景　　　　　图 2-2-51　白色雕塑的植物背景

3. 障景与对景

障景是园林中用于遮挡视线，促使视线转移方向的屏障物，它的作用是遮掩视线、屏障空间、引导游人，同时还能隐蔽不美观或不可取的部分。障景往往用于园林入口自成一景，位于园林景观的序幕，增加园林空间层次，将园中佳景加以隐障，达到柳暗花明的艺术效果。障景因材料不同可分为山石障、院落障、影壁障、树丛、树群或数者结合。在入口区段设障景，引导游人通过封闭、半封闭、开敞相间、明暗交替的空间转折，再通过透景引导，终于豁然开朗，到达开阔园林空间。

障景是古典园林艺术的一个规律，最典型的应用是苏州园林，采用布局层次和构筑木石达到遮障、分割景物，使人不能一览无余。古典园林讲究的是景深、层次感，所谓"曲径通幽"，层层叠叠，人在景中，处处是景，如图 2-2-52 所示。

对景是指在轴线或风景线端点设置的景物。在园林中，或登上亭、台、楼、阁、榭，可观赏堂、山、桥、树木，或在堂桥廊等处可观赏亭、台、楼、阁、榭，这种从甲观赏点观赏乙观赏点，从乙观赏点观赏甲观赏点的方法，都叫对景，如图 2-2-53 所示。

对景常设于游览线的前方，给人的感受直接鲜明，可以达到庄严、雄伟、气魄宏大的效果。在风景视线的两端分别设景，为互对。互对不一定有非常严格的轴线，可以正对，也可以有所偏离，如拙政园的远香堂对雪香云蔚亭，中间隔水，遥遥相对。

图 2-2-52　障景

图 2-2-53　对景

4. 实景与虚景

实景与虚景是指园林或建筑景观往往通过空间围合状况、视面虚实程度形成人们观赏视觉清晰与模糊，并通过虚实对比、虚实交替、虚实过渡创造丰富的视觉感受。

园林中的虚与实是相辅相成又相互对立的两个方面，虚实之间互相穿插而达到实中有虚、虚中有实的境界，使园林景物变化万千。如无门窗的建筑和围墙为实，门窗较多或开敞的亭廊为虚（图 2-2-54）；植物群落密集为实，疏林草地为虚；山崖为实，流水为虚；喷泉中水柱为实，喷雾为虚；园中山峦为实，林木为虚；青天为实，烟雾为虚，即朦胧美、烟景美，所以虚实乃相对而言。如北京北海有"烟云尽志"景点，承德避暑山庄有"烟雨楼"，都设在水雾烟云之中，是朦胧美的创造，如图 2-2-55 所示。

图 2-2-54　墙为实，门窗为虚

图 2-2-55　承德避暑山庄烟雨楼

5. 框景与夹景

将园林建筑的景窗或山石树冠的缝隙作为边框，有选择地将园林景色作为画框中的立体风景画来安排，这种组景方法称为框景，用有限的空间框架去采收无限空间的局部画面，多采用建筑物的门框、窗框或亭、楼阁外廊的柱与檐、栏构成的方框构景。框景的艺术效果不局限于对某一局部景观的突出，还能通过观赏者角度的变换造成景致的变换，以达到步移景异的效果。在园林中运用框景时，必须设计好入框之景，做到"有景可框"，如图 2-2-56 所示。

为了突出优美景色，常将景色两侧平淡之景用树丛、树列、山体或建筑物等加以屏障，形成左右较封闭的狭长空间，这种左右两侧夹峙的前景叫夹景。夹景是运用透视线、轴线突出对景的方法之一，还可以起到障丑显美的作用，增加园景的深远感，同时也是引导游人注意的有效方法。如在颐和园后山的苏州河中划船，远方的苏州桥主景，为两岸起伏的土山和美丽的林带所夹峙，构成了明媚动人的景色，如图 2-2-57 所示。

图 2-2-56　框景　　　　　　　　　图 2-2-57　苏州河两岸的夹景

6. 俯景与仰景

园林中利用改变地形、建筑高低的方法，改变游人视点的位置，必然出现各种仰视或俯视的视觉效果，从而增加了景观的变化性。如创造峡谷迫使游人仰视山崖而得到高耸感，创造制高点给人的俯视机会而产生凌空感，从而达到小中见大或大中见小的视觉效果。

7. 内景与借景

一组园林空间或园林建筑以内观为主的称为内景，以外部观赏为主的称为外景。如园林建筑，既是游人驻足休息处，又是外部观赏点，起到内外景观的双重作用。如亭桥跨水，既是游人驻足休息处，又为外部观赏点，起到内外景观的双重作用。

园林风景区的面积不拘大小，但在有限空间获得无限的意境，就要巧妙地借取园内外景物。造园家充分意识此点，于是创造条件，有意识地把游人的目光引向外界去猎取景观信息，借外景丰富赏景内容。根据园林造景的需要，将园内视线所及的园外景色组织到园内来，成为园景的一部分，称为借景。借景能扩大空间、丰富园景、增加变化。如北京颐和园，西借玉泉山，山光塔影尽收眼底；无锡寄畅园远借龙光塔，塔身倒影收入园内。故借景法则可取得事半功倍的园林景观效果。

（1）远借

远借即借取园外远景。所借园外远景通常要有一定高度，以保证不受园内景物的遮挡。例如，承德避暑山庄的烟雨楼景区，可远借磬锤峰之景，如图 2-2-58 所示。园外远景较高时，可用开辟透视线的方法借景。

（2）邻借

邻借是将园外周围相邻的景物借入园中的方法。邻借必须有山体、楼台俯视或开窗透视，如苏州沧浪亭园内缺水，但通过复廊，山石驳岸，自然地将园外之波与园内之景组为一体，如图 2-2-59 所示。

（3）仰借

图 2-2-58　烟雨楼远借磬锤峰　　　　　　　图 2-2-59　沧浪亭借园外之水

仰借即以园外高处景物作为借景，如古塔、楼阁、蓝天白云等。仰借视觉易疲劳，观赏点应设亭台坐椅等休息设施。

（4）俯借

在高处居高临下，以低处景物为借景，称为俯借，可以登高远望、俯视所借园外或景区外景物。

（5）应时而借

以园林中有季相变化或时间变化的景物与园景配合组景为借景，称为应时而借。一般可朝借旭日，晚借夕阳，春借桃柳，夏借荷塘，秋借丹枫，冬借飞雪等。如杭州西湖的平湖秋月、曲院风荷，河南嵩山的嵩山待月，洛阳西苑的清风明月亭，都是通过应时而借组景的，其艺术效果相当不错。

8. 点景

点景就是根据园林景观的特点和环境，结合文学艺术的要求，用楹联、匾额、石刻等形式进行艺术提炼和概括，点出景致的精华，渲染出独特的意境。园林点景是诗词、书法、雕刻艺术的高度综合。如著名的西湖十景——平湖秋月、苏堤春晓、断桥残雪、曲院风荷、雷峰夕照、南屏晚钟、花港观鱼、柳浪闻莺、三潭印月、双峰插云，景名充分运用我国诗词艺术，两两对仗，使西湖风景闻名遐迩；再如拙政园中的远香堂、雪香云蔚亭、听雨轩（图 2-2-60）、与谁同坐轩（图 2-2-61）等，均是渲染独特意境的点景之笔。

图 2-2-60　听雨轩　　　　　　　　　　　图 2-2-61　与谁同坐轩

三、园林空间艺术构图

园林空间艺术构图就是在园林艺术理论指导下对所有空间进行巧妙、合理、协调、系统安排的艺术，目的在于构成一个既完整又有变化的美好境界。单个园林空间由尺度、构成方式、封闭程度及构成要素的特征等方面来决定，是相对静止的园林空间。而步移景异是中国园林传统的造园手法，景物随着游人脚步的移动而时隐时现，多个空间在渗透、对比、变化中产生情趣。因此，园林空间常从静态、动态两方面进行空间艺术布局。

（一）静态空间艺术构图

静态空间艺术是指在相对固定的空间范围内的审美感受。空间按照开朗程度分为开朗空间、半开朗空间和闭锁空间。

1. 开朗风景

在园林中，如果四周没有高出视平线的景物屏障，则视野开敞空旷，这样的风景称为开朗风景，这样的空间称为开朗空间。开朗空间的艺术感染力是壮阔豪放，心胸开阔，但因近处无景，久看则给人以单调之感。平视风景中宽阔的大草坪、水面、广场，以及所有的俯视风景都是开朗风景。如颐和园的昆明湖、北海公园的北海（图 2-2-62）等。

2. 闭锁风景

在园林中，游人的视线被四周的景物所阻，这样的风景称为闭锁风景，这样的空间称为闭锁空间。闭锁空间因为四周布满景物，视距较小，所以近景的感染力较强，但久观则显幽暗、闭塞，一般庭院、密林等都是闭锁风景，如颐和园的苏州街、北海的静心斋（图 2-2-63）等。

图 2-2-62　北海的开朗风景　　　　　　图 2-2-63　静心斋的闭锁风景

3. 开朗风景与闭锁风景的处理

同一园林中既要有开朗空间又要有闭锁空间，应巧妙进行空间设计使开朗风景与闭锁风景相得益彰。过分开敞的空间要寻求一定的闭锁性，如开阔的大草坪上配置树木，可打破开朗空间的单调之感；过分闭锁的空间要寻求一定的开敞性，如庭院以水池为中心，利用水中倒影的天光云影扩大空间，在闭锁空间中还可通过透景、漏景、框景的应用打破闭锁感。

（二）动态空间艺术布局

对于游人来说园林是一个步移景异的流动连续空间，不同的静态空间类型组成有机整体，构成丰富的连续景观，就是园林景观的动态序列。如同写文章一样，有起有结，有开有合，有低潮有高潮，有发展也有转折。

1. 园林空间的展示程序

园林空间的展示程序应按照游人的赏景特点来安排，常用的方法有一般序列、循环序列和专类序列三种。

（1）一般序列

一般简单的展示程序有两段式和三段式之分。两段式就是从起景逐步到高潮，高潮处也是结束景，如一般纪念陵园从入口到纪念碑的程序即属于此类序列。三段式则分为起景—高潮—结景三个段落。在此期间还有多次转折，由低潮发展为高潮，接着又经过转折、分散、收缩以至结束。如北京颐和园从东宫门进入，以仁寿殿为起景，穿过牡丹台转入昆明湖边，豁然开朗，再向北通过长廊的过渡到达排云殿，再拾级而上，自到佛香阁、智能海，到达主景高潮；然后向后山转移，再游后湖、谐趣园等园中园，最后到北宫结束，实现一个三段式景观展示序列，如图2-2-64所示。

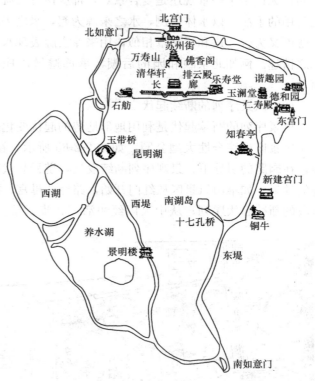

图 2-2-64 颐和园景观展示序列

（2）循环序列

为了适应现代生活节奏的需要，多数综合性园林或风景区采用了多入口、循环道路系统、多景区景点划分的布局方法，以容纳成千上万游人的活动需求。因此，现代综合性园林或风景区采用主景区领衔，次景区辅佐，多条展示序列，各序列环状沟通，以各自入口为起景，以主景区主景物为构图中心，以综合循环游憩景观为主线，以方便游人、满足园林功能需求为主要目的来组织空间序列，这已成为现代综合性园林的特点。

（3）专类序列

以专类活动内容为主的专类园林有着它们各自的特点。如植物园多以植物演化系统组织园景序列，从低等到高等，从裸子植物到被子植物，从单子叶植物到双子叶植物，还有不少植物园因地制宜地创造自然生态群落景观形成其特色。又如，动物园一般从低等动物到鱼类、两栖类、爬行类，以至鸟类，食草、食肉哺乳动物，乃至灵长类高级动物等，形成完整的景观序列，并创造出以珍奇动物为主题的全园构图中心。某些盆景园也有专门的展示序列，如盆栽花卉与树桩盆景、树石盆景、山水盆景、水石盆景、微型盆景和根雕艺术等，这些都为空间展示提出了规定性序列要求，故称其为专类序列。

2. 风景园林景观序列的创作手法

（1）风景序列的起结开合

构成风景序列的景观，可以是起伏的地形、环绕的水系，也可以是植物群落或建筑空间，无论是单一景观还是复合景观，都应该有头有尾，有收有放，这也是创作风景序列常用的手法。以水体为例，水之来源为起，水之去脉为结，水面扩大或分支为开，水之融汇又为合，这和写文章相似，用来龙去脉表现水体空间之连续，以收放变换来创造水之情趣。例如北京颐和园的后湖，承德避暑山庄的分合水系，杭州西湖的聚散水面等。

（2）风景序列的断续起伏

风景序列的断续起伏是利用地形地势的起伏变化来进行创造风景序列的手法，一般用于风景区或综合性大型公园，如图 2-2-65 所示。在较大范围内，将景区之间拉开距离，在园路的引导下，景观序列断续发展，游程起伏高下，从而取得引人入胜、渐入佳境的效果。如泰山风景区从红门开始，路经斗母宫、柏洞、回马岭来到中天门，是第一阶段的断续起伏序列；从中天门经快活三、步云桥、对松亭、升仙坊、十八盘到南天

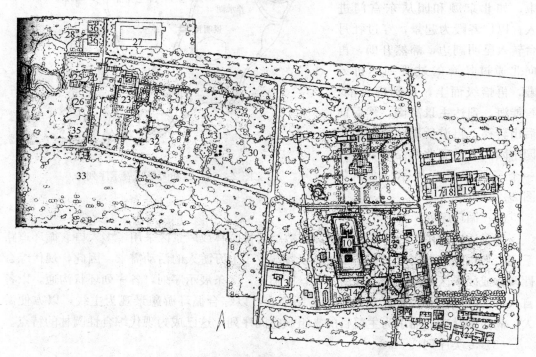

图 2-2-65 罗布林卡总平面图

1—正门；2—贤劫宫；3—凉亭宫；4—沐浴室；5—辩经台；6—威震三界阁；7—戏台；
8—东龙王宫；9—西龙王宫；10—湖心宫；11—持舟殿；12—内观马宫；13—外观马宫；
14—汉物库；15—永恒不变宫；16—朗玛康；17—噶厦；18—泽仓；19—布达拉宫管理机关；
20—祝寿殿；21—祈祷殿；22—机巧堪布；23—金色颇章；24—格桑德吉颇章；25—不灭妙旋宫；
26—乌斯康；27—辅助用房；28—花房；29—动物笼舍；30—森林区；31—杏园；32—榆林；
33—草地；34—观马台；35—读书台；36—牛羊圈

门，是第二阶段的断续起伏序列；又经过天街、碧霞祠，直达玉皇顶，再去后石坞等，这是第三阶段的断续起伏序列。

（3）风景序列的主调、基调、配调和转调

作为整体背景或底色的树林可谓基调，作为某序列前景和主景的树种为主调，配合主景的植物为配调，处于空间序列转折区段的过渡树种为转调，过渡到新的空间序列区段时，又可能出现新的基调、主调和配调，如此逐渐展开就形成了风景序列的调子变化，从而产生不断变化的观赏效果。风景序列就是由这多种风景要素有机组合、逐步展现出来的，在统一基础上求变化，又在变化之中见统一，这是创造风景序列的重要手法。

（4）园林植物景观序列的季相与色彩布局

园林植物是园林景观的主体，然而植物是活的个体，随季节交替发生变化，具有独特的生态规律。因此，在不同的立地条件下，利用植物个体与群落在不同季节的外形与色彩的变化，配以山石、水景、建筑、道路等，必将展现出绚丽多姿的景观效果和展示序列。如扬州个园内春景区用竹配石笋，夏景区种广玉兰配太湖石，秋景区种枫树、梧桐，配以黄石，冬景区植腊梅、南天竹，配以白色英石，并把四景分别布置在游览线的四个角落，在咫尺庭园中创造了四时季相景序。一般园林中，常以桃红柳绿表春（图 2-2-66），浓荫白花主夏，红叶金果属秋（图 2-2-67），松竹梅花为冬，利用植物创造丰富多彩的园林景观。

图 2-2-66　春季色彩　　　　　　　　　　图 2-2-67　秋季色彩

（5）园林建筑组群的动态序列布局

园林建筑在园林造景中往往起画龙点睛的作用，同时也起到串联各景区的作用。为了满足建筑使用功能和园林艺术的要求，对建筑群体组合的本身以及对整个园林中的建筑布置，均应有动态序列的安排。对于整个园林来说，从大门入口区到次要景区，再到主景区，这样，不同功能的景区，有计划地排列在景区序列线上，形成有层次的展示序列，又有多样变化的组合形式，以达到应用与造景之间的完美统一。

【思考与练习】

1. 园林布局大体可以分为哪几类？各有什么特点？

2. 园林美的主要内容有哪些？

3. 园林艺术构图的基本法则是什么？

4. 造景的手法有哪些？

5. 园林空间怎样从静态、动态两方面进行空间艺术布局？

技能训练

技能训练一　混合式园林布局规划

一、实训目的

熟悉园林布局的分类及特点，熟练掌握不同布局园林的设计方法，有效完成园林绿地的混合式布局规划设计。

二、内容与要求

完成某方案的混合式园林布局设计，结合现状，因地制宜，使园林布局设计能够最大限度发挥其景观功能，使设计科学美观（图 2-2-68 仅供参考）。

三、方法步骤

1. 根据现状特点及功能分区，制定该绿地的混合式园林布局方案。

2. 合理进行园林布局，并设计出水体、道路、植物、建筑等的布局位置。

3. 绘制该绿地园林布局平面图。

1. 草坪、旗杆
2. 正门
3. 博物馆
4. 纪念碑
5. 墓包
6. 四烈士墓
7. 湖心亭
8. 中苏血谊亭
9. 中朝血谊亭
10. 茶室
11. 管理室
12. 花圃
13. 东门
14. 摄影部
15. 艇部
16. 三角亭

0　20　40m

图 2-2-68　广州起义烈士陵园总平面图

技能训练二 园林艺术构图设计

一、实训目的

熟悉园林艺术构图基本法则的内容及其在园林中的应用,熟练掌握造景的艺术手法,有效地完成园林绿地的艺术构图设计。

二、内容与要求

完成某方案的艺术构图设计,因地制宜,结合现状,使园林艺术构图基本法则能够最大限度地应用于园林设计当中,充分发挥其造景功能,使设计科学美观(图 2-2-68仅供参考)。

三、方法步骤

1. 根据用地现状特点及功能分区,制定该绿地的艺术构图设计方案。

2. 合理进行艺术构图,并体现园林艺术构图基本法则的应用。

3. 绘制该绿地艺术构图平面图。

项目三　　道路绿地规划设计

【内容提要】

　　城市道路绿地是城市园林绿地系统的重要组成部分，直接反映城市的面貌和特点，是城市文明的重要标志之一。道路绿地不仅具有美化街景的作用，而且还有净化空气、减弱噪声、减尘、改善小气候、防风、防火、保护路面、维护交通等作用，同时也会产生一定的经济效益和社会效益。本项目就城市道路绿地规划设计、高速干道绿化设计和滨水景观绿地设计三个任务进行阐述，通过本项目的学习，使同学们掌握各类道路绿地的设计方法，为以后进行园林设计岗位的工作奠定基础。

任务一　　城市道路绿地设计

【知识点】

　　了解城市道路的断面布置形式和设计原则。
　　掌握城市主干道绿化的设计方法。

【技能点】

　　能够准确合理地选择城市主干道行道树树种。
　　能够根据设计要求合理地进行人行道、分车带绿化设计。

相关知识

　　城市道路绿地主要包括城市街道绿地，穿过市区的公路、铁路、高速干道的防护绿带等。它是城市园林绿化系统的重要组成部分，通过城市道路绿地的穿针引线，联系城市中分散的"点"和"面"的绿地，织就了一片城市绿网，更是改善城市生态景观环境、实施可持续发展的主要途径。

一、城市道路断面布置形式

1. 一板二带式（一块板）

由一条车行道、两条绿化带组成。一板二带式中间为车行道，两侧种植行道树与人行道分隔，如图 3-1-1 所示。其优点是用地经济，管理方便，规则整齐，在交通量不大的街道可以采用。缺点是景观比较单调，而且车行道过宽时，遮阴效果差。另外，机动车与非机动车混合行驶，安全性差。

2. 二板三带式（两块板）

由两条车行道、中间两边共三条绿化带组成。二板三带式可将上下行车辆分开，适于宽阔道路，如图 3-1-2 所示。绿带数量较大，路两侧绿带超过 8m 可设林荫带或小游园，生态效益较好，中间分车带宜简洁美观。其优点是用地较经济，可避免机动车之间事故的发生。由于不同车辆同向混合行驶，还不能完全杜绝交通事故，这是它的缺点。此种形式多用于城市入城公路、环城道路和高速公路。

图 3-1-1　一板二带式

图 3-1-2　二板三带式

3. 三板四带式（三块板）

由三条车行道、四条绿化带组成，利用两条分隔带把车行道分为 3 块，中间为机动车道，两侧为非机动车道，连同车道两侧的行道树共 4 条绿带，如图 3-1-3 所示。此种形式在宽阔街道上应用较多，是现代城市较常用的道路绿化形式。其优点是组织交通方便，环境保护效果好，街道形象整齐美观；其缺点是用地面积较大。此种形式多用于城市主干道。

4. 四板五带式（四块板）

由四条车行道、五条绿化带组成，利用三条分隔带将车道分成 4 条，使不同车辆分开，均形成上下行，共有五条绿化带，如图 3-1-4 所示。这种形式多在宽阔的街道上应用，是城市中比较完整的道路绿化形式。其优点是由于不同车辆上下行，保证了交通安全和行车速度，绿化效果显著，景观性极强，生态效益明显；其缺点是用地面积大，养护管理费用高，经济性差。因此，如果道路面积不够，则中间可改用栏杆分隔，既经济又节约用地。

图 3-1-3　三板四带式　　　　　　　　图 3-1-4　四板五带式

5. 其他形式

随着城市化建设速度的加快，原有城市道路已不能适应城市面貌的改善和车辆日益增多的需要，因此有必要改善传统的道路形式，因地制宜地设置绿带。根据道路所处的地理位置、环境条件等特点，可以灵活采用一些特殊的绿化形式，如在建筑附近、宅旁、山坡下、水边等地多采用一板一带式，即只有一条绿化带，既经济美观实用，又能形成有特色的道路景观。

二、道路绿地规划设计原则

（一）体现道路绿地景观特色

城市主次干道绿地景观设计要求各具特色和风格，希望做到"一路一树"、"一路一

图 3-1-5　一路一特色

特色"。要重视道路两侧用地，要与街景环境融合，形成优美有特色的城市景观，如图 3-1-5所示。同时要使绿地与道路环境中的其他景观元素协调，与地形环境、沿街建筑等紧密结合，与城市自然景色（山峦、湖泊、绿地等）、历史文物（古建筑、古桥梁、古塔、民居等）以及现代建筑有机结合在一起。只有把道路环境作为一个整体加以考虑，进行一体化的设计，才能形成独具特色的优美的城市景观。

（二）发挥防护功能作用

道路绿地能改善道路及其附近的小气候生态条件，降温遮阴、防尘减噪、防风防火、防灾防震、吸收有害气体、释放氧气是道路绿地特有的生态防护功能，可以改善道路沿线的环境质量，其中，以乔木为主或乔木、灌木、地被植物相结合的绿化带的防护效果最佳，地面覆盖最好，景观层次更丰富，如图 3-1-6 所示。

道路绿化带还可以美化城市，软化街道建筑硬环境，消除司机的视觉疲劳。种植乔木绿化带可以改变道路的空间尺度，使道路空间具有良好的宽高比。规划设计时可采用

遮阴式、遮挡式、阻隔式手法，采用密林式、疏林式、地被式、群落式以及行道树式等栽植形式。

（三）道路绿地与交通组织相协调

道路绿地设计要符合行车视线要求和行车净空要求。在道路交叉口视距三角形范围内和弯道拐弯处的树木不能影响驾驶员视线通透，如图3-1-7所示，植物不应遮蔽交通管理标志，同时，交通绿地应可以遮挡汽车眩光，在一些特殊地带还要作缓冲栽植；各种道路在一定高度和宽度范围内必须留出车辆通行空间，树冠和树干不得进入该空间，还要留出公共站台的必要范围，要保证行道树有适当高的分枝点；同时利用道路绿地的隔离、屏障、通透、范围等功能设计绿地，组织交通。

图3-1-6　道路绿地的防护功能　　　　图3-1-7　转弯处绿化不能阻挡司机视线

（四）树木与市政公用设施互相统筹安排

道路绿地中的树木与市政公用设施的相互位置应该统筹考虑，精心安排，给树木留有足够的立地条件和生长空间，新栽树木应避开市政公用设施，注意避开地上地下管线，以免对树木或管线造成破坏，如图3-1-8所示。可以在公用设施或管线附近种植草花或草坪等低矮植物，在方便维修管理的同时，还能避免道路绿地露土，美化环境，增加道路绿地绿化量。

图3-1-8　树木和电线应相互避让

（五）道路绿地树种选择要适合当地条件

街道上的树木生长条件极为恶劣：树坑狭小，土壤板结，缺乏水分、空气和养料，污染严重，人为破坏大。所以树种的选择首先要适地适树，其次要选择抗污染、耐修剪、树冠完整、树荫浓密的树种，这样才能保证植物正常生长，如图3-1-9所示，发挥造景和生态作用。道路绿地应以乔木为主，乔木、灌木和地被植物相结合，形成多层次道路绿地植物群落景观，形成三季有花、四季常青的绿化效果。

（六）道路绿地建设应考虑近期和远期效果相结合

道路绿地规划设计要有长远观点，栽植树木不能经常更换、移植，近期与远期要有计划地周全安排，使其既能尽快地发挥功能作用，又能在近期、中期、远期都保持较好的效果。

在道路绿地建设初期，栽种的植物较细弱，很难成景，可以密集栽植，以便迅速成景。待植物长大拥挤时，可以采用间伐或移苗，来保证植物的合理株距，同时移出的苗木还可以用于其他园林建设，一举多得，如图3-1-10所示。

图3-1-9　行道树的生长环境

图3-1-10　道路绿地的近期和远期效果

为了保证道路绿地近期效果好，应多用速生树种，但速生树种多寿命短，这样，为了道路绿地的远期效果，应种植一些寿命长的慢生树种，所以，道路绿地在植物配置时应速生树种与慢生树种相结合。

三、城市道路绿地设计

（一）行道树绿带种植设计

按一定方式种植在道路的两侧，造成浓荫的乔木，称为行道树。行道树绿化是城市街道绿化最基本的组成部分，它对美化环境、丰富城市街道景观、净化空气、为行人提供一片绿荫具有重要的作用。

1. 行道树种植方式

（1）树带式

在人行道和车行道之间留出一条不加铺装的种植带，在人行横道处或人流比较集中的公共建筑前留出通行道路，视其宽度种植乔木、灌木、绿篱、地被植物、草坪等相结合形成连续的绿带，如图3-1-11所示。

图3-1-11　树带式行道树

树带式种植带宽度一般不小于1.5m，以4～6m为宜，除种植一行乔木用来遮阳外，在行道树株距之间还可种绿篱，以增强防护效果，种植带越宽，种植形式越多。种植带的种植设计一定要注意交通安全：宽度为2.5m的种植带可种一行乔木，并在靠近车行道的一侧再种一行绿篱；5m宽的种植带就可交错种植两行乔木或一行乔木两排绿篱，靠车行道一侧以防护为主，近人行道的一侧以观赏为主，中间空地还可种些花灌木、花卉或草坪。一般在交通量、人流不大的情况下采用这种种植方式，有利于树木生长。

（2）树池式

在交通量比较大，行人多而且人行道又狭窄的街道上，宜采用树池式，如图3-1-12所示。一般树池以正方形为好，大小以1.5m×1.5m较为合适；另外，长方形以1.2m×2m为宜；还有圆形树池，其直径不小于1.5m。方形树池易与道路和建筑相协调，圆形树池常用于道路圆弧拐弯处。行道树栽植于树池的几何中心，树池的边石有高出人行道10～15cm的，也有和人行道等高

图3-1-12　树池式行道树

的。前者对树木有保护作用，后者行人走路方便，并且适合植物生长，现多选用后者。

树池的土面应低于人行道的高度，以容纳雨水。在主要街道上还覆盖池盖，特制混凝土盖板石或铁花盖板可以保护植物，增加人行道的有效宽度，便于路人行走，同时减少裸露土壤，美化街景。也可以在树池内植以草坪或散置石子增加透气效果。池内土壤应经常翻动，增加透气性，管理费用较高，最好采用透气性路面铺装，如草坪砖或透水性路面铺地等，有利于渗水透气，保证行道树生长和行人行走。

2. 行道树树种选择

鉴于行道树的生长环境和使用功能要求，行道树树种应选择：深根性、分枝点高、冠大荫浓、生长健壮、适应城市道路环境条件，且落果对行人、车辆交通不会造成危害

图3-1-13　行道树的树种选择

的树种；移植时容易成活，管理省工，对土、肥、水要求不高，耐修剪，适应性强，病虫害少的树种；树龄长，树干通直，体态优美，冠大荫浓，春季发芽早，秋季落叶晚且整齐的树种；花果无毒，落果少，没有飞絮的树种；不选萌蘖力强和根系特别发达隆起的树种。在沿海受台风影响的城市或一般城市的风口地段，最好选用深根性树种，如图3-1-13所示。

3. 行道树定干高度及株距

行道树的定干高度，应根据其功能要求、交通状况、道路的性质、宽度及行道树距车行道的距离、树木分枝角度而定。在交通干道上栽植的行道树还要考虑车辆通行时的净空高度要求，为公共交通创造靠边停驶接送乘客的方便，定干高度不宜低于3.5m，否则会影响车辆通行和道路有效宽度的使用。非机动车和人行道的行道树高度不宜低于2.5m。当苗木出圃时，一般胸径在12～15cm为宜，树干分枝角度较大的，干高就不得小于3.5m，分枝角度较小者，也不能小于

图 3-1-14　行道树的定干高度和定植株距

2m，否则会影响交通。

对于行道树的株距，一般要根据所选植物成年冠幅大小来确定，另外道路的具体情况如交通或市容的需要，也是考虑株距的重要因素，如图 3-1-14 所示。故视具体条件而定，以成年树冠郁闭效果好为准。常用的株距有 4m、5m、6m、8m 等，如棕榈树常为 2～3m，阔叶树最小 3～4m，一般为 5～6m，个别树种可达到 6～8m。

（二）分车绿带种植设计

分车绿带是指在车行道分隔带上营建的绿化带。用绿化带将车道分开，保证了车辆行驶的轨迹与安全，处理了交通和绿化的关系，起着疏导交通和安全隔离的作用，还可以阻挡相向行驶车辆的眩光。

分车带的宽度根据车行道的性质和街道总宽度而定，一般为 2.5～8m，最低宽度也不能小于 1.5m。在《城市道路绿化规划与设计规范》中规定：种植乔木的分车带宽度不得小于 1.5m；主干道上的分车绿带宽度不宜小于 2.5m；主、次干路中间分车绿带和交通岛绿地不得布置成开放式绿地；分车带的植物配置应形式简洁，树形整齐，排列一致；分车绿带上种植的乔木，其树干中心至机动车道路缘石外侧距离不宜小于 0.75m，分车绿带宽度小于 1.5m 的，应以种植灌木为主，并应灌木、地被植物相结合。

1. 分车绿带的种植方式

分车带绿地种植多以花灌木、常绿绿篱和宿根花卉为主，分车带的植物配置应形式简洁，树形整齐，排列一致。在城市慢速路的分车带可以种植常绿乔木或落叶乔木，并配以花灌木、绿篱等；但在快速干道的分车带上不宜种植乔木，由于车速快，树干会使人产生目眩，发生事故。在行人乱穿马路的地方，要注意保护司机的观察视野。快速路旁不宜种植落花落果的树木，以防车辆打滑。

一般来说，常见的分车带形式有四种：一是以绿篱为主的绿化带，二是以草坪为主的绿化带，三是以乔木为主的绿化带，四是图案式绿化带。

以绿篱为主的分车绿带，在应用中有不同形式，如图 3-1-15 所示。一种是两侧为绿篱，中间是大型花灌木和常绿松柏类、棕榈类或宿根花卉，这种形式绿化效果最为明显，绿量大，色彩丰富，高度也有变化。另一种是两侧为绿篱，中间是宿根花卉或草花间植。

以草坪为主的分车绿带适合宽度在 2.5m 以上的绿化带，如图 3-1-16 所示。以草坪为主，可种植花灌木、宿根花卉或乔木，可以是自然式或简单的图案。

图 3-1-15　绿篱为主的分车带

图 3-1-16　草坪为主的分车带

以乔木为主的分车带，在分车带上种植主干高 3.5m 以上的乔木，不仅绿量大，而且对交通无任何不良影响，树下可种植耐阴的草坪或花卉，其美化绿化效果更明显，特别适合宽阔的城市道路，但是在快速车道上不适合此种种植，如图 3-1-17 所示。

图案式分车绿带，适用于城市新区十分宽阔的道路，其绿化带宽度在 5m 以上，由灌木、花卉、草坪组合成各种图案，有几何图形，也有自由曲线式，修剪整齐，色彩丰富，装饰效果好，如图 3-1-18 所示。

图 3-1-17　乔木为主的分车带　　　　　图 3-1-18　图案式为主的分车带

2. 行人横穿分车绿带的处理方式

当行人横穿道路时必然横穿分车绿带，这些地段的绿化设计应根据人行横道线在分车绿带上的不同位置采取适当分段，一般以 75～100m 为宜。分段处尽量与人行横道、停车站、大型公共建筑出入口相结合，既要满足行人横穿马路的要求，又不至于影响分车绿带的整齐美观，如图 3-1-19 所示。被人行横道或道路出入口断开的分车绿带，采用硬质铺装，如有植物配置应采用通透式配置，便于透视，以利于行人、车辆的安全。

3. 公共交通车辆的中途停靠站的设置

公共交通车辆的中途停靠站一般都设在靠近快车道的分车绿带上，车站的长度约

30m。在这个范围内一般不能种植灌木、花卉，可种植乔木，以便夏季为等车乘客提供树荫，如图 3-1-20 所示。当分车绿带宽 5m 以上时，在不影响乘客候车的情况下，可以种植草坪、应时花卉、绿篱和灌木，并设矮栏杆进行保护。

图 3-1-19　在必要位置进行分车带分段　　　　　图 3-1-20　公交车停靠站

（三）路侧绿带设计

路侧绿带是位于道路侧方，车行道边缘到建筑红线之间的绿地。《公园设计规范》中规定：路侧绿带应根据相邻用地性质、防护和景观要求进行设计，并应保持在路段内的连续与完整的景观效果；濒临江、河、湖、海等水体的路侧绿地，应结合水面与岸线地形设计成滨水绿带，滨水绿带的绿化应在道路和水面之间留出透景线。

路侧绿带是构成道路绿地景观的重要地段，其宽度因道路性质和用地情况的不同而大小不一。在地上、地下管线影响不大时，宽度在 2.5m 以上的绿化带，可种植一行乔木和一行灌木；宽度大于 6m 时，可考虑种植两行乔木，或将大乔木、小乔木、灌木、地被植物等以复层方式种植；路侧绿带宽度大于 8m 时，可设计成开放式绿地，方便行人进出、游憩，提高绿地的功能作用。开放式绿地中，绿化用地面积不得小于该段绿带总面积的 70%。

路侧绿地在街道绿地中一般占较大的比例，可分为车道侧和建筑侧两类。

车道侧绿地按一定方式将乔木、灌木及地被植物进行复层式种植，可以减少车辆噪声，如图 3-1-21 所示。而建筑侧道路绿地对街道面貌、街景的四季变化起到明显的作用，如图 3-1-22 所示。路侧绿带的设计要兼顾街景和沿街建筑需要，注意在整体上保持绿带连续和景观的统一。可在建筑物两窗间采用丛状种植，树种选择时注意与建筑物的形式、颜色等特点相协调，植物的配置不能影响沿街建筑的使用功能，路侧绿带中的游憩设施要面向行人。

图 3-1-21　车道侧绿化　　　　　　　　　图 3-1-22　建筑侧绿化

（四）交通岛绿地种植设计

1. 交通中心岛

也称转盘，多呈圆形，通常设在道路交叉口处，起着回车或约束车道、限制车速和装饰街道的作用，主要组织环形交通，使驶入交叉口的车辆一律绕岛做逆时针单向行驶。

交通中心岛一般设计为圆形，直径的大小必须保证车辆能按照一定的速度以交织方式行驶，一般为40～60m，小型城镇的中心岛的直径也不能小于20m。中心岛不能布置成供行人休息用的小游园、广场或吸引游人的过于华丽的花坛，而常以嵌花草皮花坛为主或以修剪的低矮的常绿灌木组成色块图案或花坛，切忌用常绿小乔木或灌木，以免影响视线，如图3-1-23所示。

交通岛周边的植物配置宜增强导向作用，在行车视距范围内采用通透式配置，中心岛绿地应保持各路口之间的行车视线通透，布置成装饰绿地。交通岛的通行能力小于红绿灯，在交通量较大的主干道或具有大量非机动车交通或行人众多的交叉口上，不宜设环形交通。

2. 交通导向岛

交通导向岛俗称渠化岛，位于道路平面交叉路口，用于分流直行和右转车辆及行人的岛状设施，一般面积较小，多为类似三角形状，如图3-1-24所示。在安全视距内，不能有建筑物、构筑物、树木等遮挡司机视线的地面物，布置植物时其高度不可超过司机视线高度，植物高度控制在0.7m以下，绿地应配置灌木片植、地被植物或草坪，以保证车辆和行人的交通安全。

图3-1-23　交通岛

图3-1-24　渠化岛

（五）交叉路口设计

1. 安全视距

为了保证行车安全，在道路交叉口必须为司机留出一定的安全视距，使司机在这段距离能看到对面及左右开来的车辆，并有充分的刹车和停车时间，不致发生事故。这种从发觉对方汽车立即刹车而能够停车的距离称为安全视距或停车视距，这个视距主要与车速有关，如图3-1-25所示。

2. 视距三角形

安全视距范围内在交叉口平面上绘出一个三角形，称为视距三角形。在视距三角形范围内，不能有阻碍视线的物体，如图3-1-26所示。如在此三角形内设置绿地，则植物的高度不得超过小轿车司机的视高，控制在 0.65～0.7m 以内，宜选低矮灌木、丛生花草种植。视距的大小，根据道路允许的行驶速度、道路的坡度和路面质量情况而定，一般采用 30～35m 的安全视距为宜。

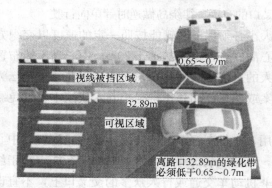

图 3-1-25　安全视距

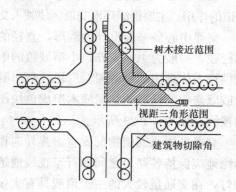

图 3-1-26　视距三角形

（六）立体交叉的绿地设计

1. 立体交叉的概念

也称立交桥，一般由主、次干道和匝道组成，匝道是供车辆左、右转弯，把车流导向主、次干道的。为了保证车辆安全和保持规定的转弯半径，匝道和主、次干道之间就形成了几块面积较大的空地作为绿化用地，称为绿岛，如图 3-1-27 所示。

立交桥是城市交通的重要纽带，每天穿梭往来于立交桥上的车流不计其数。随着城市绿化工程越来越细致的开展，立交桥绿化也被看做城市绿化的一个重点项目。一些城市的高架桥下爬满了爬山虎、油麻藤等藤本植物，看上去一片盎然绿意，另外一些城市则在立交桥的部分桥段上摆满了一盆盆的鲜花，不管如何装扮点缀，立交桥绿化总能点亮人们的视线，不可不谓"淡妆浓抹总相宜"。

2. 立体交叉绿岛的设计要点

（1）绿岛是立体交叉中面积比较大、较集中的绿化地段，一般应种植开阔的草坪，草坪上点缀有较高观赏价值的常绿植物和花灌木，也可以种植由观叶植物、宿根花卉、常绿灌木等植被，组成精美的模纹图案，如图 3-1-28 所示。

图 3-1-27　立体交叉绿岛

图 3-1-28　绿岛精美模纹图案

（2）如果绿岛面积较大，在不影响交通安全的前提下，可以按照街心花园或中心广场的形式进行布置，设置小品、雕塑花坛、水池等设施。

（3）立体交叉的绿岛处在不同高度的主、次干道之间，往往有较大的坡度，这对绿化是不利的，可设挡土墙减缓绿地坡度，一般以不超过5％为宜，挡土墙配合垂直绿化，以增加绿化量。

（4）绿岛内还需装设喷灌设施，保证植物的正常生长，维持景观的观赏持续性。在进行立体交叉绿化地段的设计时，还要充分考虑周围的建筑物、道路、路灯、地下设施和地下各种管线的关系，做到地上、地下合理安排，才能取得较好的绿化效果。

（5）在立体交叉处，绿地布置要服从该处的交通功能，使司机有足够的安全视距。例如，出入口可以有作为指示标志的种植，使司机看清入口；在弯道外侧，最好种植成行的大乔木，以便诱导司机的行车方向，同时使司机有一种安全的感觉。因此，在立交进出道口和准备会车的地段、在立交匝道内侧道路有平曲线的地段，不宜种植遮挡视线的树木（如绿篱或灌木），其高度也不能超过司机的视高，要使司机能通视前方的车辆。在弯道外侧，植物应连续种植，视线要封闭，不使视线涣散，并预示道路方向和曲率，有利于行车安全。

（七）停车场绿化

沿着路边停车会影响交通，也会将车道变小，可在路边适当位置设停车场，并在周围植树，汽车在树荫下不受暴晒，同时解决了停车对交通的影响，又增强了对街道的美化。一般大型的公共建筑附近要求有停车场，停车场有三种形式：多层式、地下式和地面式。目前我国地面式应用较多，又可分为三种。

1. 周边式绿化的停车场

四周种植落叶或常绿乔木、花灌木、草地、绿篱或围成栏杆，场内全部为铺装，四周规划出入口，一般为中型停车场。优点是周边绿化可以与周边街道行道树结合起来，四周有绿篱，界限明显，便于管理，汽车调动灵活，集散方便。缺点是场地内无树木遮阴，汽车暴晒多时会有损伤。

2. 树林式绿化的停车场

一般为较大型的停车场，场内有成行的落叶乔木，这种形式有较好的遮阴效果，车辆和人均可停留，创造了停车休息的好环境，如图3-1-29所示。缺点是要加强管理和调配，不同型的车辆要按规定分别排列停留，形式比较单调。

3. 建筑前绿化兼停车场

建筑前的绿化布置较灵活，景观丰富，包括基础栽植、前庭绿化和部分行道树，可以布置成利于休息的场地，如图3-1-30所示。对建筑入口前的美化使街景富于变化，衬托建筑的艺术效果，另外在建筑前停放车辆便于使用，但只能供限量的车辆停留，组织得不好将使建筑正面组织混乱，同时汽车排放的气体对周围环境有污染。可分为开放式和封闭式两种。

图 3-1-29　树林式停车场

图 3-1-30　建筑前停车场

任务二　高速公路绿化设计

【知识点】

了解高速公路绿化的作用。

掌握高速公路绿化设计的要点。

【技能点】

能够根据实际要求设计出合理的高速公路绿化方案。

能够设计出合理的精美的互通区绿化方案。

相关知识

随着我国城乡日益发展的经济和人民生活水平的提高，高速公路随之迅猛发展，中国高速公路的里程处于世界第二位，仅次于美国，我国高速公路建设已达到世界先进水平。我国近几年要求建设生态型高速公路，对公路绿化设计要求有更高的品位。

公路绿化能使生硬、单调的公路线形变得丰富多彩，创造出许多优美的景观，使裸露的岩石边坡披上绿装，使新建公路对周围环境景观的负面影响降低，使公路两侧的自然及人文景观资源与环境景观有机结合，使公路构造物巧妙地融入到周围的环境之中，给公路的使用者提供优美宜人、舒适和谐的行车环境，同时也能防止公路范围内的水土流失。

一、高速公路绿化的作用

1. 保护生态环境

高速公路的景观绿化，能大大改善公路在建设中破坏了的沿线自然景观和运营期间给生态环境造成的局部污染，并保护公路红线内用地及相邻地带原生植被，尽快使公路恢复植被，与周边自然植被融为一体，使公路融于自然环境之中，最大限度减少沿线环境由汽车噪声、排放废气和夜间灯光带来的各种影响，减轻沿线居民的心理承受功能。同时保护好公路经过的河流不受油料废气的污染，意义重大。

2. 稳固边坡，防止水土流失

裸露的边坡长期在自然条件下，经过雨水对路堑、路堤的侵蚀，可能发生崩塌、滑坡、散落等水土流失现象，增加了养护的难度，而边坡植被可达到水土保持、稳固边坡的目的，如图 3-2-1 所示。

3. 视线诱导作用

合理规划苗木栽植位置，有助于引导驾驶员视线，集中注意力。公路沿途连续的植物绿带，可以显示公路线形变化，使驾驶员预判前方线形走向，避免弯道突兀出现，如图 3-2-2 所示。

图 3-2-1　稳固边坡　　　　　　　　图 3-2-2　诱导视线

在平面上的曲线转弯方向上：在平面曲线外侧种植能显示道路线形的变化，可种植高大的乔木，使司乘人员有一种心理安全感，并混栽一些灌木如夹竹桃之类植物减少高大树木的压迫感，起到缓冲作用。内侧为保证视线通透，适宜种一些低矮植物或地被植物。

在纵断面有凸形、凹形竖曲线变化上：在道路线形曲线顶部适宜种植矮树，两端植高大树，这样容易看清前后方高树顶端，指示方向，起到视线诱导作用。在匝道两侧绿地的角部，适当种植一些低矮的灌木，球状物（黄榕、夹竹桃）增强出入口的导向性。

4. 防眩作用

车辆在夜间行驶常会出现对向灯光引起眩光，易引起司机操纵上的困难，给交通安全带来极大的隐患，影响行车安全。而对面行车速度快时，眩光的影响危害更大。在高速公路中央分隔带内栽植一定高度和冠幅的乔灌木，能够有效地起到防眩遮光的作用，保障行车安全，如图 3-2-3 所示。

5. 遮蔽作用

在公路沿线各种影响视觉的物体很多，如桥墩台、对边沟和公路外侧的刺眼的墓穴、破旧村落、垃圾焚烧场、裸露的荒地、辐射源地段等，利用种植中、低树进行遮蔽绿化，可以起到克服驾驶员造成的心理压抑、单调、疲劳等不协调因素的作用，改善公路景观，提高行车安全。

6. 缓冲作用

目前高速公路大都使用路栅和防护墙，在发生交通冲击时，往往损伤很大。在低填方又没有护栏的路段或有路栅的，可选择在公路两侧栽植较密的乔、灌木，可以缓和驶离车道汽车的冲击，将事故限制在较小规模，可以减轻事故的危害，减少生命财产的损失。

7. 美化作用

高速公路是城镇交通的主要干道，其道路环境也是城镇景观的重要组成部分，将功能与美观结合起来，道路与环境作为景观整体设计，力求建成安全、实用、环境优美的现代化高速公路，如图 3-2-4 所示。

图 3-2-3　分车带防眩作用　　　　　　　　　图 3-2-4　美化作用

注重植物的花期、花色、叶色和树形的合理配置；注重植物的季相变化，落叶与常绿植物搭配，保证一年四季常绿；注重高速公路绿化与沿线两侧大面积防护林和天然林结合，注重绿化的整体性和节奏感，创造自己的特色；互通立交在绿化设计上可形成不同的植物组合，使图案美观大方，简洁明快，使人印象深刻；服务区、管理区应以大面积的花草坪为底色，通过植物造景，用花草树木的线条来衬托建筑物的美观的造型，塑造整洁优美景观，使司乘人员、工作人员感受到环境的舒适，缓解疲劳，安全出行。

二、高速公路绿化设计

高速公路的横断面包括中央隔离带、行车道、路肩、护栏、边坡、路旁安全地带和护网。

1. 中央隔离带

中央隔离带的主要作用是按不同的行驶方向分隔车道，防止车辆眩光干扰，减轻对开车辆接近时司机心理上的危险感，或因行车而引起的精神疲劳；另外，还有引导视线和改善景观的作用，如图 3-2-5 所示。

中央分隔带的设计一般以常绿灌木的规则式整形设计为主，有时配合落叶花灌木的自由式设计，地表一般用矮草覆盖。在增强交通功能并能够持久稳定方面，主要通过常绿灌木实现，选择时应重点考虑耐尾气污染、生长健壮、慢生、耐修剪的灌木。要能与当地自然景观协调，改善路容环境，

图 3-2-5　中央隔离带

根据自然情况分段进行绿化设计，使之达到整体协调。

2. 边坡的种植设计

高速公路的边坡绿化是公路绿化的主体，边坡除应达到景观美化效果外，还应与工程防护相结合，起到固坡、防止水土流失的作用。宜根据不同立地土壤类型，采用工程防护与植物防护相结合的防护措施。由于路基缺乏有机质，应选择根系发达、耐瘠薄、抗干旱、涵水能力强的植物方可达到良好的效果，如图 3-2-6 所示。

对于较矮的土质边坡，可结合路基栽植低矮的花灌木、种植草坪或栽植匍匐类植物。较高的土质边坡可用三维网种植草坪。主要采用以播种狗牙根等草籽为主的地被植物覆盖绿化方式，重要路段结合窗格式或方格式预制砖内铺设抗干旱的高羊茅、马尼拉等草坪植物。

对于石质边坡，采用适应性强或经引种驯化后的攀缘性植物材料（如地锦类、爬山虎、山荞麦、紫藤、野葛藤等），对裸露的挖方护坡和路肩墙进行覆盖，以增强路容的美观性。挖方边坡一般在坡角和第一级平台砌种植池，栽植攀缘植物、花灌木及垂挂植物。

3. 公路两侧的绿化

在公路用地范围内栽植花灌木，在树木光影不影响行车的情况下，可采用乔灌结合，形成垂直方向上郁闭的植物景观，空间围合较好，绿量大，改善生态环境效果好，这种形式应为主要设计方式。具体的工程项目，应根据沿线的环境特点进行设计，如路两侧有自然的山林景观、田园景观、湿地景观、水体景观等，可在适当的路段栽植低矮的灌木，视线相对通透，使司乘人员能够领略上述自然风光，使公路人工景观与自然景观有机结合，如图 3-2-7 所示。

图 3-2-6　边坡绿化　　　　　　　　图 3-2-7　公路两侧绿化

如路侧留有分期修建的空地，可有计划地种植乔、灌木，花卉及草坪，以充分利用空地作为绿化地域。如限于经费，可采取分期投入种植，速生与慢生植物相结合的方式进行，使其既可满足及时绿化，又可满足长远发展的需要。

4. 服务区的绿化

在这些地方要结合房屋、停车场和其他设施整体，布置一定面积的绿化区，以庭院绿化形式为主，形式开敞，以现代形式结合局部自然式栽植，如图 3-2-8 所示。这里的绿化形式颇多，有草坪、花坛和路边、周边的行道树，配合雕塑、山石、喷泉、水池、绿篱以及园林造型的小品，或绿色走廊、凉亭、庭园灯、凳桌等，装饰着服务区内外广

图 3-2-8　高速公路服务区绿化

场，给人们恬静舒适感和阴凉感，也可采用线条流畅、舒缓的剪形绿篱突出时代气息，局部的自然式植物配置便于服务区的人们近观品味。

对于收费站的绿化，由于场地有限，一般用花卉盆景、草地为主，并提前进行种植与摆设，以增强绿化效果。

5. 互通区绿化

这里往往拥有较大面积的空地，绿化时应充分加以利用。在互通区大环的中心地段，可采用大型的模纹图案，花灌木根据不同的线条造型种植并精心修剪，形成大气简洁的植物景观，如图 3-2-9 所示。互通区绿地可以草坪和花灌木组成的植物图案为主，形成明快、爽朗的景观环境，在草坪中心点缀三五成丛的观赏价值较高的常绿林或落叶林，如图 3-2-10 所示。

图 3-2-9　高速公路互通区模纹图案

图 3-2-10　互通区绿化

如果位于城市中心地区，则应特别重视其装饰效果，以大面积的草坪地被为底景，以整形的乔木作规则式种植形成背景，用彩色植物形成图案，做到流畅明快，引导交通，装饰环境。但不宜在此类绿地中设置过于引人注目的华丽花坛和复杂雕塑，以免分散司机注意力。

三、高速公路绿地种植设计要点

1. 防眩种植，中央分车带采用遮光种植，采用遮光种植的间距、高度与司机视线高度和前大灯的照射角度有关。树高由司机视线高决定。从小轿车的要求看，树高需在1.5m 以上，大轿车需在 2m 以上，如果过高则影响司乘人员视界，同时景观也不够开敞。

2. 用较宽的绿带隔开建筑物，使建筑物远离高速公路，避免车辆噪声和尾气影响人们的工作和生活。绿带上不可种植乔木，以免造成司机的晃眼而引发事故，高速公路行车，一般不考虑遮阴的要求。

3. 隔离带内可种植花灌木、草皮、绿篱、修剪成形的常绿树，以形成间接、有序和明快的配置效果；隔离带的种植要因地制宜，宜作分段变化处理，以丰富路景和有利于消除视觉疲劳。高速公路中央隔离带的宽度最少为 4m，日本以 4～4.5m 的居多，欧洲大多采用 4～5m 宽，美国 10～12m。有些受条件限制，为了节约土地也有采用 3m 宽的。如果隔离带较窄，为安全起见，往往需要增设防护栏。当然，较宽的隔离带，也可种植一些自然的树丛。

4. 穿越市区的高速公路，为了防止车辆产生的噪声和排放的废气对城市环境的污染，在干道的两侧留出 20～30m 的安全防护地带，美国有 45～100m 宽的防护带，均种植草坪和宿根花卉，然后为灌木、乔木，其林型由低到高，既起防护作用，又不妨碍行车视线。

5. 为了保证交通安全，高速公路不允许行人与非机动车穿行，所以隔离带内需考虑安装喷灌或滴灌设施，采用自动或遥控装置。路肩是作为故障停车用的，一般不能种植树木，可种植草花或草坪。边坡及路旁安全地带可种植树木、花卉和绿篱，但要注意大乔木要距路面有足够的距离，不可使树影投射到车道上，防止造成司机眼睛对光的不适应，如图 3-2-11 所示。

图 3-2-11 边坡绿化

图 3-2-12 高速公路的平面线型

6. 高速公路的平面线型要求，如图 3-2-12 所示，距离不应大于 24km，在直线下坡拐弯的路段应在外侧种植树木，以增加司机的安全感，并可引导视线，内侧种植低矮植物，保证司机视线通透。

7. 当高速公路通过市中心时，要设立交桥，这样与车行、人行严格分开，保证安全。绿化时不宜种植乔木。

8. 高速公路超过 100km，需设休息站，一般在 50km 左右设一休息站，供司机和乘客停车休息。休息站还包括减速车道、加速车道、停车场、加油站、汽车修理房、食堂、小卖部、厕所等服务设施。要结合这些设施进行绿化。停车场应布置成绿化停车场，种植具有浓荫的乔木，防止车辆受到强光照射，场内可对不同车辆的停放地点用花坛或树坛进行分隔。

任务三　滨水景观绿地设计

【知识点】

了解滨水景观绿地设计的原则。
掌握滨水景观绿地设计的方法。

【技能点】

能够设计出合理的滨水景观绿地方案。
能够设计出滨水景观的亲水设计。

相关知识

　　滨水景观绿地就是在城市中临河流、湖沼、海岸等水体的地方建设而成的具有较强观赏性和使用功能的一种城市公共绿地形式。其设计必须密切结合当地生态环境、河岸高度、用地宽窄和交通特点等实际情况来进行全面规划设计。

　　近年来，滨水地带景观开发越来越成为我国城市建设中的一个热点。随着城市经济基础逐渐雄厚，政府有财力将滨水地区的景观开发改造提上日程，这不仅是由于滨水地带作为城市的黄金地带，能提供各种功能性及建设性的成效，更因为人们对生活品质的要求在逐渐提高，人们在物质资源丰富的今天，提出了精神生活也要相应提高的强烈呼吁，滨水景观带应与现代、繁华、富含信息特征的环境相适应，亦应体现高技术、高品质的滨水景观精神，将经济、景观和时代交融一体。

一、滨水景观绿地的作用

1. 美化市容，形成景色

　　现代化的城市形象总是与完善的城市绿化系统联系在一起的。通过绿化，能保护人与自然相互依存的关系，能改善城市的环境质量，为居民创造适宜并有益于人类生活的境域。滨水景观绿地往往临水造景，视野开阔，运用美学原理和造园艺术手法进行园林造景，利用水体的优势形成独特的景色，可以极大地提高城市的形象与品质，如图3-3-1所示。

2. 保护环境，提高城市绿化面积

　　滨水景观绿地充分利用水体和临水道路，规划成带状临水绿地，增加了城市绿化面积，不仅改善城市风环境和空气环境，还极大地提高了城市的绿化覆盖率，改善了城市的生存环境，如图3-3-2所示。

图 3-3-1　滨水景观美化市容　　　　　　图 3-3-2　滨水景观增加城市绿化面积

3. 防浪、固堤、护坡，避免水土流失

在滨水景观绿地设计中，有驳岸防浪，有护坡固土，有植物保持水土，均可避免水土流失。

二、滨水景观绿地设计的原则

1. 功能性原则

对于一条河流来说，由于其穿越城市，规划时应强调滨水地区与城市的连接性，滨水景观绿地也应有机地纳入城市绿地系统之中，要用有效的规划设计来加强城市和滨水之间通畅的视觉联系和便捷的可达性。滨水景观绿地是供城市所有居民和外来游客共同休闲、欣赏、使用的，这决定了它要以合适的尺度概念来规划设计，充分体现"以人为本"的设计理念。

2. 生态性原则

从生态学角度讲，滨水区域是一个具有生物多样性特性的区域，和城市内部预留的公共绿地有很大不同，应在景观设计中予以保护，为这些具有未知价值的场地留有发展空间。在滨河绿地上除采用一般树种外，还可在临水边种植耐水性植物或水生植物为主体的树木，同时高度重视水滨植被群落的规划，它们对河岸水际带和堤内地带这样的生态交错带尤其重要，如图 3-3-3 所示。在低湿的河岸上或一定时期水位可能上涨的水边，应特别注意选择能适应水湿和耐盐碱的树种。

3. 文化性原则

每个滨水地区都有自己独特的自然特征和历史文化，滨水景观绿地虽然是一种现代式的景观设计，但它不能完全脱离本地原有的文化与当地人文历史沉淀下来的审美情趣，要注重现代与传统的交流、互动，不能割裂传统，尤其是要利用这些自然特征和历史文化创造景观的主题，形成有特色的滨水景观。设计时可以用隐喻、保留有价值的遗留物等方式来记载这些自然文化特征，如图 3-3-4 所示。

图 3-3-3　滨水景观生态性　　　　　图 3-3-4　滨水景观应体现文化性主题

三、滨水景观绿地的规划设计

一般情况下滨河路的一侧是城市建筑，滨水景观绿地的建设可以看做是在建筑和水体之间设置一种特殊的道路绿带。绿带设计必须密切结合当地生态环境、河岸高度、用地宽窄和交通特点等实际情况来进行全面规划设计。

（一）水景的处理

1. 亲水设计

亲水设计是指通过使游客能临水、亲水景观设计，来突出水景的观赏性，如图 3-3-5 所示。常见的做法有三种：第一种为与水体垂直的景观，在开阔的水面上设计水上平台、栈桥伸入水中，实现水陆的交融；第二种为与水体平行的景观，如设计与水大体平行的游览步道，步道与水体时而近、时而远，若即若离，结合自然的植物栽植构成自然的水岸；第三种是将水景引入绿地内部，做瀑布、溪流，打破整齐的水体驳岸，使水景更显自然。

2. 驳岸的处理

为了保护江、河、湖岸免遭波浪、雨水等冲刷而坍塌，需修建永久性驳岸，如图 3-3-6 所示，顶部加砌岸墙或用栏杆围起，而在水浅地段宜将驳岸与花池、花境结合起来，便于游人接近水面，欣赏水景。岸边可以设置栏杆、园、座椅等。

图 3-3-5　亲水平台　　　　　　　　　图 3-3-6　驳岸设计

（二）道路设计

景观道路可结合地形将车行道与滨河游憩路分设在不同的高度上。在斜坡角度较小时用绿化斜坡相连，坡度较大时，用坡道或石阶相互贯通。道路宽度、数量依地形确定，设计手法依自然地形、水岸线的曲折程度、所处的位置和功能要求，对于地势起伏大，岸线曲折变化多的地段采用自然式布置，而地势平坦，岸线整齐，又临近宽阔道路干线时则采用规则式布置，如图 3-3-7 所示。一般都设有临水布置的道路，当水面不宽阔、对岸又无景可观的情况下，道路可布置简单一些，道路内侧宜种植观赏价值高的乔灌木，树间布置坐椅，供游人休息。

临水布置的道路应尽量靠近水边，以满足人们到水边行走的需要。在水位较低的地方，可以因地势高低，设计成两层平台，用踏步联系，以满足人们的亲水感。在水面宽阔、对岸景色优美的情况下，临水道路宜设置较宽的绿化带、花坛、草坪、石凳、花架等，在可以观看风景的地方设计小型广场或凸出岸边的平台，以供人们凭栏远眺或摄影，如图 3-3-8 所示。

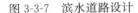

图 3-3-7　滨水道路设计　　　　　　　　图 3-3-8　开阔水面道路设计

（三）植物的布置

我国水边种植主张植以垂柳，造成柔条拂水，湖上新春的景色，如图 3-3-9 所示。在绿化种类上，发展丰富的、多层次的绿化体系，绿化系统中采用树、花、草并茂，并以树为主的原则，增强滨水绿化空间的层次感，使完整连续的滨水绿带既有统一的整体面貌，又有层次分明，富有变化的节奏感，增强滨水空间的视觉效果。一般规则式布置的绿带多以草地、花坛为主，乔木多以孤植或对称种植为主。自然式布置的绿化带多以树丛为主。树木种类要常绿、落叶树合理搭配，高低错落，疏密相间，体现植物的多样性，如图 3-3-10 所示。

为了减少车辆对绿地的干扰，靠近车行道的一侧应种植一两行乔木或绿篱，形成绿化屏障。但为了使水面上的游人和对岸的行人看到沿街的建筑，应适当留出透视线，不要完全郁闭。道路靠水一侧原则上不种植成排乔木。其原因是影响景观视线，同时树木的根系生长会对驳岸造成损坏。

图 3-3-9 湖上春色　　　　　　　　　　图 3-3-10 水边植物配置

以植物造景为主，适当配置游憩设施和有独特风格的建筑小品，构成有韵律、连续性的优美彩带，使人们漫步在林荫下，临河垂钓，水中泛舟，充分享受大自然的气息，如图 3-3-11 所示。因此，植物景观设计成了现代滨水景观中最重要的设计内容之一。

图 3-3-11 植物与游憩设施结合　　　　　图 3-3-12 滨水照明灯景观

（四）建筑小品设计

建筑小品都是具备特定文化和精神内涵的功能实体，如装饰性小品中的雕塑、假山、置石、景墙、铺地、座凳、栏杆、照明灯（图 3-3-12）、指示牌等，在不同的环境背景下表达了特殊的作用和意义，是绿地中直接表达设计风格的重要元素。常见的园林建筑有亭（图 3-3-13）、廊、花架、茶室、画舫、游船码头（图 3-3-14）等。滨水绿地中建筑小品应特色鲜明、体量小巧、布局分散，与其他园林要素浑然一体，相得益彰。

图 3-3-13 水边亭　　　　　　　　　　图 3-3-14 游船码头

【思考与练习】

1. 怎样种植行道树？
2. 分车带怎样绿化？
3. 立体交叉怎样进行绿化？
4. 高速公路的中央隔离带在绿化时应注意什么？
5. 滨水景观怎样进行亲水设计？

技能训练

技能训练一　城市主干道绿化设计

一、实训目的

熟悉城市主干道的断面布置形式，熟练掌握城市主干道的设计方法，合理有效地完成城市主干道绿地的设计。

二、内容与要求

完成某方案的城市主干道绿化设计，结合路两侧景观特征，进行行道树、分车带以及人行道绿地设计，科学设计城市主干道绿化形式，充分发挥其景观功能，使设计科学美观（图 3-3-15 仅供参考）。

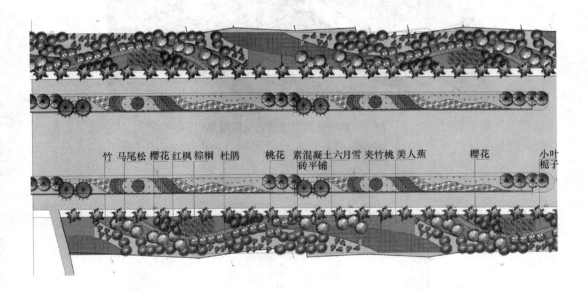

竹　马尾松　樱花　红枫　棕榈　杜鹃　桃花　素混凝土六月雪　夹竹桃　美人蕉　樱花　小叶栀子
砖平铺

图 3-3-15　某城市主干道绿化

三、方法步骤

1. 根据城市主干道特点进行绿化，制定合理美观的设计方案。
2. 合理进行绿化布局，并设计出人行道绿地和分车带绿地绿化方案。
3. 绘制该城市主干道绿化的平面图。

技能训练二　立体交叉绿地设计

一、实训目的

熟悉立体交叉绿地的特点，熟练掌握立体交叉绿地的设计方法，有效完成立体交叉绿地的设计。

二、内容与要求

完成某方案的立体交叉设计，结合立体交叉所在位置特点，因地制宜，使立体交叉绿地设计能够最大限度发挥其景观功能，使设计科学美观（图 3-3-16 仅供参考）。

三、方法步骤

1. 根据立体交叉现状特点，制定该绿地的绿化设计方案。

2. 合理进行模纹图案设计。

3. 绘制该立体交叉绿地的平面图。

图 3-3-16　北京菜户营立交桥绿化

项目四　城市广场设计

___

【内容提要】

现代城市广场与城市公园一样，是现代城市开放空间体系中的"闪光点"，它具有主题明确、功能综合、空间多样等诸多特点，备受现代都市人青睐。同时，现代城市广场还是点缀、创造优美城市景观的重要手段，从某种意义上说，体现了一个城市的风貌和灵魂，展示了现代城市生活模式和社会文化内涵。本项目就文化娱乐休闲广场设计、纪念性广场设计、站前广场设计三个任务进行阐述，通过本项目的学习，使同学们掌握各类广场的设计方法，为以后进行园林设计岗位的工作奠定基础。

任务一　文化娱乐休闲广场设计

【知识点】

掌握文化娱乐休闲广场的概念及功能。
掌握文化娱乐休闲广场设计要点。

【技能点】

能够对文化娱乐休闲广场进行主题和功能定位。
能够对文化娱乐休闲广场进行规划设计。

相关知识

一、城市广场的概念

现代城市广场的定义是随着人们需求和文明程度的发展而变化的。今天我们面对的现代城市广场应该是："以城市历史文化为背景，以城市道路为纽带，由建筑、道路、植物、水体、地形等围合而成的城市开敞空间，是经过艺术加工的多景观、多效益的城市社会生活场所"。绿地率50%～80%，具有多功能、多景观、多活动、多信息、大容量的作用，对增加城市绿地空间，改善城市景观形象、空间品质，满足社交、户外休闲场所的需求，带动城市土地开发等具有重要意义，如图4-1-1所示。

图4-1-1　城市广场

图4-1-2　多功能广场

二、城市广场的作用和意义

1. 城市广场是满足城市复合功能的需要

城市广场是国家、政府举行重大活动的主要场所，同时也是人民群众陶冶情操、休闲娱乐的场所。一个城市若没有广场，城市就缺乏生气和活力，难以满足城市的多种功能要求。城市广场的多功能——游憩、交往、商业、交通、防灾、改善生态环境等集于广场一身，如图4-1-2所示，这就要求广场应有足够的面积和空间来保证，现在生活的多样性也需要城市广场来适应和提供空间保证。

2. 城市广场是开敞城市空间的重要手段

随着城市建设的不断发展，城市高楼大厦拔地而起，而且日渐升高，建筑群的密度不断加大，城市空间拥挤不堪，使生活在大城市中的人们在紧张的工作之余倍感窒息。若在高楼大厦林立之间，街坊纵横之处建一些开阔的广场，不仅给城里人留出一块"喘息"之地，而且也能帮助人们减轻在快速运转的城市生活中所带来的心理压力，同时又是城市环境美的一种新追求，如图4-1-3所示。

3. 城市广场是城市文化与精神文明的重要象征

城市广场是展示城市文化与精神文明的重要载体，一些主题广场、纪念性广场往往成为城市文化名人、城市历史事件、城市某些寓意、某种精神的体现，也能突出城市的文化和底蕴。例如，五四广场、母亲广场、一二·九广场、抗震纪念碑广场（图4-1-4）、防洪纪念塔广场、鲁迅广场等等，均为城市文化的一种表达。

图 4-1-3 广场能开敞城市空间　　　　　　图 4-1-4 唐山抗震纪念碑广场

4. 城市广场是盘活周边地区经济的需要

城市广场能带动周边地区经济的发展，城市广场建设的意义不仅仅在于为城市开辟了一块公共活动空间，一个选址和建设成功的广场，特别是在旧城改造过程中，对提升城市广场周边地区的环境质量、优化城市结构、增强城市活力、刺激经济增长具有积极作用。而且一般规模较大的城市广场会比规模较小的城市广场产生的影响力和经济效益更大。

5. 城市广场是增加城市公共绿地的重要途径

随着城市的快速发展，高楼林立，许多城市绿地比例逐渐降低，影响了城市的环境质量。因此，扩大城市绿地面积就成为城市建设的一项重要任务，而建设城市广场，尽量增加绿地是一个很自然的选择，也是绿地建设的实用手段之一。许多大型城市广场实际上很大面积是用来作为绿地的，也可以说建设城市广场在某种程度上是针对城市绿地匮乏而采取的一种带有补救性的措施，如图 4-1-5 所示。这样不仅增加了城市的景观效果，而且净化了空气，改善了环境质量，对保持城市生态平衡起着重要的作用。

6. 城市广场是城市建筑艺术风格的集中体现

作为广场主题标志物的建筑或构筑物以及广场周边的建筑物极具地方特色，是构筑城市公共环境大舞台的一部分，富有丰富的艺术语言和精神内涵，综合了建筑艺术、造型艺术、园林艺术和声光水景艺术等大众化的公共艺术形态，如图 4-1-6 所示，它是社会生活质量提高之后出现的一种新的大众渴求，创造人们理想的生活环境，提高人民的生活质量，使人与自然结成亲密无间的和谐关系是极其重要的。

三、文化娱乐休闲广场概述

文化广场是城市历史与内涵的集中体现，应具有明确的主题，为了展示城市深厚的文化积淀和悠久历史，在经过深入挖掘和整理后，再以多种形式在广场上集中地表现出来。文化广场可以说是城市室外文化展览馆，一个好的文化广场应该让人们在休闲娱乐中了解该城市的文化历史渊源，从而达到人们热爱城市、激发上进精神的目的。

文化广场应该做到：突出文化主题特征，塑造丰富的休憩游览空间，提供方便快捷的交通系统，以"人"为中心，创造出和谐而有新意的优美环境。安徽芜湖鸠兹广场便是一例，在广场主空间的周边位置布置了多个小型文化广场群，主要用雕塑、柱廊、浮雕等形式，连续展示了芜湖的文化渊源和发展历史，如图 4-1-7 所示。

图 4-1-5　广场能增加城市绿地面积　　　　图 4-1-6　广场能体现城市建筑艺术风格

　　娱乐休闲广场主要是为市民提供良好的户外活动和休闲娱乐空间，满足节假日休闲、交往娱乐的功能要求，兼有代表一个城市的文化传统、风貌特色的作用。一般位于城市政治、经济、文化、商业中心或居民聚集地，交通便利的地段，有较大的空间规模。它可以有效地改善民众精神状态，在工作之余得以缓解精神压力和疲劳。娱乐休闲广场的布局往往灵活多变，空间自由多样，但一般应与环境结合得很紧密。广场的规模可大可小，无一定限定。

　　娱乐休闲广场以让人轻松愉快和亲和为目的，因此在广场尺度、空间形态、环境小品、绿化、休闲设施等方面都应符合人们的行为规律和人体尺度要求。就广场整体的主题而言是不确定的，甚至没有明确的中心主题，而每个小空间环境的主题、功能是明确的，每个小空间的联系是方便的。总之，以舒适方便为目的，让人乐在其中，如图 4-1-8所示。

图 4-1-7　安徽芜湖鸠兹广场　　　　图 4-1-8　广场尺度空间

四、文化休闲娱乐广场的设计

　　文化休闲娱乐广场应具有明确的功能和主题，在这个基础上，辅之以相配合的次要功能，这样才能做到主次分明，有组织地进行空间设计，再设有一定的文化特色，力求做到整体中求变化，赋予广场特定的文化内涵。

1. 广场的功能

广场的功能定位得准确与否，直接影响到广场的使用状况，有时可以按其城市所在的位置和城市规划的要求而定，文化休闲娱乐广场的性质也决定了其广场的功能特征，文化广场必然是以文化性为主，娱乐休闲广场必然是以娱乐性和趣味性为主。这就要求广场设计要体现广场的固有特征，并且满足人民群众对城市空间环境日益增长的审美要求。

2. 广场的主题

广场主题的设定是体现广场个性和城市特色的重要手段，广场作为城市设计的重要组成部分，是体现城市特色、文化底蕴、景观特色的重要场所，是一个城市的象征和标志。所以，休闲娱乐广场应具有鲜明的主题和个性，或以城市历史文化为背景（图4-1-9），使人们在游憩中了解城市的渊源、解读城市的内涵；或以当地的风俗习惯、人文氛围为主题，也可以通过场地条件、景观艺术来塑造自身鲜明的个性。

3. 广场的尺度

广场尺度的设计是广场设计成功与否的关键。广场是大众群体聚集的大型场所，因此要有一定的规模，即超出110m的限度。广场尺度处理必须因地制宜，解决好尺度的相对性问题，即广场与周边围合物的尺度匹配关系。美国建筑师卡米洛·希特在《城市与广场》一书中指出广场的最小尺度应等于它周边主要建筑的高度，而最大的尺度不应超过主要建筑高度的2倍。当然，如果广场周围的建筑立面处理得比较厚重，而且尺度巨大，也可以配合一个尺度较大的广场。经验表明，一般矩形广场的长宽比不大于3：1，如图4-1-10所示。

图4-1-9　主题广场　　　　　　　　　图4-1-10　矩形广场的尺度

如果用 L 代表广场的长度，用 W 代表广场的宽度，用 H 代表周边围合物的高度，用 D 代表广场周长的1/4（即 L 与 W 总和的一半），则可以得出下面的一些结论：

（1）当 $D/H<1$ 时，广场周围的建筑显得比较拥挤，相互干扰，影响广场的开阔性和交往的公共性，如图4-1-11所示；

（2）当 $1<D/H<2$ 时，尺度合宜；

（3）当 $D/H>2$ 时，广场周围的建筑显得过于矮小和分散，起不到聚合与会集的作用，影响到广场的封闭性和凝聚力以及广场的社会向心空间的作用，如图4-1-12所示。

图 4-1-11　闭锁性广场　　　　　　　　　图 4-1-12　开敞性广场

4. 广场的组成要素设计

文化休闲娱乐广场是城市中供人们游玩、休憩以及举行多种娱乐活动的重要场所，所以组成广场的各要素都要进行精心设计，做到以人为本，合理优美。在设计时应注意建筑围合空间的领域感，使空间形态丰富中求统一，因此，设计时应选择合理的空间形态；多设置台阶、座椅等方便人们行走和休息；设置雕塑、喷泉、花坛、水池以及有一定文化意义的雕塑小品供人欣赏等。

（1）广场的空间形态

广场的空间形态主要表现为平面型和立体型两种形式。平面型的广场比较常见，城市中的广场多属于此类，这类广场在剖面上没有太多的变化，接近水平地面，并与城市的主要交通干道相联系，其特点为交通组织方便快捷、造价低廉、技术含量低，但是缺乏层次感和特色景观环境。立体型广场是广场在垂直维度上的高差与城市道路网格之间所形成的立体空间构成，可分为上升式广场和下沉式广场两类。上升式广场（图 4-1-13）将车行道放在较低层面上，将非机动车和人行道放在地面或地下，而对广场进行抬升，实行人车分流；下沉式广场（图 4-1-14）多具有步行交通功能，而且解决了交通分流问题，而在高差处结合水体，使空间产生美妙的动感。在有些大城市，下沉式广场常常还结合地下街、地铁乃至公交车站的使用，更多的下沉式广场则是结合建筑物规划设计的。立体型广场的特点为喧闹的城市提供了一个安静、围合并极具归属感的安全空间，点线面结合使空间层次更为丰富。

图 4-1-13　巴西圣保罗市安汉根班广场　　　　图 4-1-14　上海静安寺广场

（2）广场的地面铺装处理

广场的地面铺装可以突出广场的个性、特色、趣味性，突出广场的可识别性，合理地选择铺装材料和铺装图案（图4-1-15），可以加强广场的图底关系，给人以尺度感和强烈的感观。通过铺装图案将地面的行人、绿化、小品等有机联系起来，使广场更加优美、亲切和动人。同时利用铺装材料限定空间，增加空间的可识别性，强化和衬托广场的主题。如矶崎新设计的筑波中心广场（图4-1-16），引用了地面图案，使建筑与铺地保持相同的肌理。

图 4-1-15 广场铺装图案　　　　　　　　　图 4-1-16 筑波中心广场

（3）广场的色彩与灯光处理

色彩是表现休闲娱乐广场气氛、空间性格和造景的重要手段，合适的色调能更好地表达设计者的意图，也更能创造出富有魅力的景观。铺地的色彩应与主体建筑取得和谐统一的效果，避免色彩杂乱无章，增强广场的艺术性，提高品位。小品、雕塑的色彩宜鲜亮，通过强烈的对比来突出主题，起到画龙点睛的作用。如查尔斯·摩尔设计的美国新奥尔良意大利广场（图4-1-17），其铺地采用黑白相间的地面色彩设计，再加上园中不规则的喷泉，给人以赏心悦目、心旷神怡的感觉，达到了既和谐统一，又富于变化的目的。

文化休闲娱乐广场往往在夜间的使用频率较高，需要创造良好的夜间景观，因此，灯光设计尤为重要，如图4-1-18所示。中心区域照明可以亮一些，休闲区的照度一般即可。广场照明的灯具可分为三种：第一种，高杆灯，用于主要的活动空间；第二种，庭院灯，用于休闲区域；第三种，草地灯，用于园林草坪照明，创造特殊意境，常常布置在草地当中，创造繁星点点、绚丽迷人的景观效果。

图 4-1-17 美国新奥尔良意大利广场　　　　　图 4-1-18 广场灯

（4）广场绿化、水体与小品的处理

广场绿化可以使空间具有尺度感和方位感，使广场的各组成要素有机地连成一个整体，修饰和完善整个广场空间。树木本身还具有指引方向、遮阳、净化空气、吸尘、固土等多重功效，使广场具有生态功能。绿化还可以作为重要的景观设计要素，对其进行合理配置和适当的修剪，既可以体现树木的形体之美，又可以体现其秩序性，如图 4-1-19 所示。根据不同地区的地域条件，如气候、土壤等选择合适的植物花卉品种并与其观赏周期相配合，这样可以在不同的季节欣赏到不同的景致，谱写出城市广场中绚丽多彩的交响乐。

水体是广场空间中人们重点观赏的景观对象，是广场上最活泼生动的元素，也是我们创造广场主题的主要手段，它可分为静态的水体和动态的水体。静态水体的水面能产生倒影，使空间显得宁致深远，同时，静态水面还可以种植各种水生植物，美化景观，丰富水面空间，如图 4-1-20 所示；动态水体如喷泉、瀑布、跌水、导水墙等可在视觉上保持空间的连续性，同时也可以分割空间，丰富广场的空间层次，活跃广场的气氛，具有极强的观赏性。

图 4-1-19　大连星海广场绿化　　　　　　　　图 4-1-20　广场水体

广场小品的设计最能体现"以人为本"的思想，以人的尺寸、需求和审美设计广场上的小品（图 4-1-21），才能符合大众需要，使广场得到充分利用。同时，广场上的小品最能体现广场的品位，理应精心设计，如现代化的通信设施、雕塑、座椅、饮水器、垃圾筒、时钟、街灯、指示牌、花坛、廊架（图 4-1-22）等应与总体的空间环境从大小、颜色、质地上都相协调；在选题、造型方面纳入广场的总体规划作为衡量标准；小品应以趣味性见长，宜精不宜多，讲求得体点题，而并不是新奇与怪异。

图 4-1-21　广场小品　　　　　　　　　　　图 4-1-22　广场廊架

任务二 纪念性广场设计

【知识点】

掌握纪念性广场的概念及功能。
掌握纪念性广场设计原则、注意事项及植物配置。

【技能点】

能够对纪念性广场进行功能定位。
能够对纪念性广场进行规划设计。

相关知识

一、纪念性广场概述

纪念性广场是属于城市广场中的一类，是以纪念性建筑物为主体，结合地形布置绿化与供瞻仰、游览活动的铺装场地。主要是为缅怀历史事件人物而修建的纪念性活动广场，突出某一主题，多设雕塑，纪念碑、塔，建筑等，是用相应的象征、标志、碑记等施教的手段，教育人，感染人，以便强化所纪念的对象，产生更大的社会效益。

纪念性广场题材非常广泛，涉及面很广，可以是纪念人物，也可以是纪念事件。通常在广场中心或轴线以纪念雕塑（或雕像）、纪念碑（或柱）、纪念建筑或其他形式纪念物为标志，主体标志物应位于整个广场构图的中心位置。其大小没有严格限制，只要能达到纪念效果即可。因为通常要容纳众人举行缅怀纪念活动，所以应考虑广场中具有相对完整的硬质铺装地，而且与主要纪念标志物（或纪念对象）保持良好视线或轴线关系。广场在规划设计中应体现良好的观赏效果，以供人们瞻仰。

纪念广场的选址应远离商业区、娱乐区等，以免对广场造成干扰，突出严肃深刻的文化内涵和纪念主题。整个广场在布置绿化、建筑小品时，应与纪念气氛协调配合，形成庄严、肃穆的整体氛围。由于纪念广场一般保存时间很长，所以纪念广场的选址和设计都应紧密结合城市总体规划统一考虑，如图 4-2-1 所示。

图 4-2-1 法国凯旋门广场

二、纪念性广场的设计原则

纪念性广场其设计一般突出以下几个原则：

1. 主题明确

纪念性广场的主题大多是某些文物古迹、历史名人或历史事件，在景观设计过程中，应充分渲染这一主题，所有的建筑物、小品以及绿化等都应围绕这一主题进行设置，比如在广场中心或侧面设置突出的纪念雕塑、纪念碑、纪念塔、纪念物和纪念性建筑作为标志物，按一定的布局形式，在规划上多采用中轴线对称布局、运用简洁而规则的绿化形式，来满足纪念氛围象征的要求，比如北京的天安门广场（图4-2-2）。

图 4-2-2　北京天安门广场

2. 合理组织交通

纪念性广场的设计，一方面要体现良好的观赏效果，以供人们游览瞻仰；另一方面要合理地组织交通，保持整体环境安静的同时另辟停车场，在避免导入车流的同时满足最大人流集散的需求，做到既交通便利，又能形成一个相对安静的独立空间，不破坏纪念性广场的氛围。

3. 结合主题绿化

纪念性广场的绿化风格要与主题相协调，要根据主题突出绿化风格：如陵园、陵墓类的广场的绿化要体现出庄严、肃穆的气氛，多用常绿模纹图案和松柏类常绿乔、灌木进行绿化；纪念历史事件的广场应体现事件的特征（可以通过主题雕塑），并结合休闲绿地及小游园的设置，提供人们游览休憩的场地，如哈尔滨的防洪纪念广场（图4-2-3）。

三、纪念性广场设计注意事项

1. 突显"纪念性"，符合城市规划需求

纪念性广场的设计，首先要满足其"纪念性"的体现，一些纪念广场往往成为城市历史文化、名人、历史事件，城市某些寓意、某种精神、某种风俗的体现。例如：五四广场（图4-2-4）、一二·九广场、鲁迅广场、李自成广场、和平鸽广场、母亲广场、胜利广场等等，作为城市文化的一种表达，突显地方特色，突显"纪念性"主题，这类广场设计在国外也极为广泛。其次，在设计时，要充分考虑符合城市规划的需要。作为城市广场的一类，也要符合城市功能规划的需求，充分考虑到周边环境的各种要素，在突出广场立意、特色的同时，充分考虑到与环境因素的衔接，在设计中体现以人为本的设计理念，注重人的活动与感受的要求，提高舒适性及和谐性。

图4-2-3　哈尔滨防洪纪念广场　　　　　　　图4-2-4　青岛五四广场

2. 注重植物造景，建设生态式纪念性广场

以往为了突出严肃、庄严的特性，在此类景观设计中较多地采用非生态体类的硬质景观素材而忽略了植物造景的功效，满足总体环境气氛要求的纪念性广场设计，是为群众开展纪念性质的活动而服务，需要在庄严中不乏活泼、愉快的氛围，景观应该强调它的自然性、生活性和艺术性。贵在自然，在嘈杂的城市环境中营造自然、清新的景观，是纪念性广场设计的根本出发点与特点，如图4-2-5所示。

图4-2-5　生态式纪念性广场

在纪念性广场的设计中，应充分考虑绿化、建筑、小品等，配合整个广场进行设置，形成与纪念气氛和谐的环境，应使植物造景和铺装等手法有机结合在一起，才能营造出符合总体环境的生态和艺术需求，而植物造景离不开植物这一基础，如图4-2-6所示。植物是纪念性广场设计的重要组成部分，它不但能满足广场的空间构成、艺术构图需要（图4-2-7），为人们提供遮阴、降暑等功能，更是美化和改善环境的最大功臣，使纪念性广场景观具有生命特征。所以设计中应以绿色植物造景为基础，让绿色植物的亲和性充分发挥在园林建筑和小品的设计和装饰中，以期形成树大荫浓、温馨和谐的氛围和良好的生态效益。

图 4-2-6　纪念性广场的小品　　　　　　图 4-2-7　纪念性广场的植物

　　在植物的选择方面，应以适地适树原则为指导，选择观赏效果好、抗性强、病虫害少、管理粗放的适生乡土树种为主，能体现出植物配置的科学性与审美性的有机结合，做到既满足总体环境的景观要求，又让植物体现出地方特色，同时，不同的地方植物常常还是该地区民族传统和文化的体现，这样才能符合植物生长对环境的生态要求，并充分发挥出生态园林的功能。

四、纪念性广场的绿化配置

　　绿化作为景观设计的重要手段在广场设计中的地位是极其重要的，特别是在纪念性广场中，它们起到的不仅仅是空气的净化器，人们休息的庇荫所或者是为美观而存在的辅助作用，而且是纪念性氛围营造的一种重要手段，展现场所精神的重要组成部分，发挥着不可替代的重要作用。

　　1. 植物的象征性

　　中国古代文人历来就喜爱寄物抒情，借自然物来表现自己的理想品格和对精神境界的追求，这样就将许多植物赋予一定的气质和品格，如将松、竹、梅（图 4-2-8）视为"岁寒三友"。坚毅不拔的青松，挺拔多姿的翠竹，傲雪报春的冬梅，它们虽系不同属科，却都有不畏严霜、坚强不屈的高洁品格，在岁寒中同生，具有很深的象征含义。通过拟人、寓意等艺术手法，结合植物本身的生理和外形特征，赋予了植物不同的文化属性，使许多植物成为高尚品质和高洁情操的象征。环境中的植物的语言能够加深参观者对特定情境的感悟，隐喻场所的精神内容和性格，使人们能够与场所精神在心灵上达到共鸣。

图 4-2-8　梅花傲雪

　　渲染革命性纪念场所精神的植物中，松柏（图 4-2-9）首当其冲，它们历来被古今文人墨客所赞咏。松耐寒耐旱，阴处枯石缝中可生，冬夏常青，凌霜不凋，可傲霜雪。柏树苍劲耐寒，有贞德者，故字从白。白，西方正色也。"不同流合污，坚贞有节，地位高洁"，象征坚贞不渝，因此，松柏类植物在纪念性广场得到大量应用，多沿轴线列植形成庄严气氛，或修剪成造型或组成模纹图案，烘托主体标志物。

图 4-2-9　松柏常青

2. 植物的色彩与季相变化

植物不仅随生长改变着原有空间的视觉感受，同时随四季更替展现出丰富多彩的季相变化，使纪念性广场得以在不同时间和空间形象展示纪念主题，营造不同的怀念心境。就纪念性而言，植物的色彩除去最常见的绿色系外，其他相对比较适宜的植物色系为白色系、黄色系和蓝色系。白色象征着纯洁，黄色象征着高贵，蓝色象征着幽静和永恒。有时红色系作为应时花卉也存在于纪念性广场空间当中。植物的季相变化体现在春花烂漫，万物复苏，象征着纪念主题的勃勃生机；夏荫浓茂，草花盛行，模纹的秩序性体现纪念主题的严肃性；秋叶层林尽染，纪念主题热情高涨，如图 4-2-10 所示；冬松挺拔，银装素裹，彰显纪念主题万古长青，坚强不屈。

3. 植物的形态

纪念性广场的植物形态主要有垂直向上型、水平展开型和不规则型三种。

（1）垂直向上型

主要包括圆柱形、笔形、尖塔形、圆锥形等，这类形态的植物强调的是空间的垂直感和高度感，修饰了空间的垂直面，易营造严肃、静谧、庄严的气氛，如雪松、云杉、龙柏、池杉、圆柏等，多列植在道路两侧或轴线的两侧，如图 4-2-11 所示。

图 4-2-10　纪念性广场秋景

图 4-2-11　植物垂直向上型

（2）水平展开型

这类形态多是易整形修剪的植物，如大叶黄杨、金叶女贞、水蜡等，它们以规整的绿篱或模纹出现，使环境具有平和、舒展的气氛，增加景观在心理上的宽广度，带来空间的扩张，同时也可以作为空间的分隔或边界，还可以组成模纹图案烘托主题标志物，如图 4-2-12 所示。

（3）不规则型

是把易整形修剪的植物塑造成圆形、卵圆形、拱形等各种造型（图4-2-13）或是以一些草叶植物作为过渡的点缀，这类植物使环境具有柔和平静的格调，在纪念性景观中可用来表达哀悼和悲痛之意，如女贞球、海桐球、凤尾兰、金钟、云南黄馨、梅花、垂柳、垂榆等。

图4-2-12　水平伸展型的模纹图案　　　　图4-2-13　不规则型的树球

4. 植物的平面布局

纪念性广场的植物平面布局可以分为三种形式。

（1）规则式布局

这种布局方式在纪念性广场中运用得最为广泛，它能营造出一种庄重、严肃、宁静的氛围，最能烘托纪念性广场的主题。一般集中在广场靠近城市主干道的一面，也就是入口、轴线周围或是主题纪念构筑物周围，在入口和轴线周围能引导瞻仰者的行进路线，在纪念性构筑物的周围，则能缓和柔化构筑物的角隅和完善空间线条，如图4-2-14所示。

① 规则式植物模纹景观

即利用易修剪造型的小乔木、灌木、草花等低矮植物，通过它们之间形态、高低、种类或颜色的相间组成相应的图案来表达纪念性主题，具有一定寓意的模纹景观不仅能展现其优美的艺术形象，体现与时俱进的时代意义，同时也能更好地衬托纪念性构筑物，达到突出主题的目的。

② 规则式植物形体排列景观

通过大乔木、小乔木、灌木和花草等以某种序列的形式共同进行空间上的形体表现，体现整齐划一的空间节奏，进一步衬托纪念性场所的庄严。多采用的是对植、列植和环植。

（2）自然式布局

自然式布局是相对于规则式而言，植物的种植形式比较自由，不固定，可以是同类或不同类的植物进行配置。大多是以背景的形式存在，注重的是一种生态性，在满足纪念性的同时，主要是为参观者提供一个休憩空间。多采用孤植、丛植、群植和林植等种植方式，如图 4-2-15 所示。

图 4-2-14　规则式植物布局

图 4-2-15　自然式植物布局

（3）应时花卉的布局

应时花卉多为草本类，它们不是广场内的固有植物，会视具体情况要求而进行布置，一般是花坛、节假日或配合某些大型的纪念活动时才出现，起到美化、彩化的丰富景观作用，如图 4-2-16 所示。应时花卉可以根据需要选择花期，通过促成或抑制栽培能在指定的时间开花，但生命周期一般比较短暂，需要定时更换，也能实现景观的定期变化。

大多数情况下，以上几种布局形式都不是独立存在，无法划分出纯粹的规则式或完全的自然式布局，它们往往是同时存在，彼此融合，又各有侧重，满足纪念性广场表达的不同需求，如图 4-2-17 所示。

图 4-2-16　应时花卉布局

图 4-2-17　混合式布局

任务三　站前广场设计

【知识点】

掌握站前广场的概念及功能。

掌握站前广场绿化生态系统设计要点。

【技能点】

能够对站前广场进行功能分区。
能够对站前广场进行规划设计。

相关知识

一、站前广场概述

站前广场主要目的是有效地组织城市交通，包括人流、车流等，要考虑人行道、车行道、公共交通换乘站、停车场、人群集散地、交通岛、公共设施（休息亭、公共电话、厕所、小卖部）、绿地及排水、照明等设施，是城市交通体系中的有机组成部分，是城市内外交通会合处，主要起交通转换作用。

站前广场是城市对外交通或者是城市区域间交通的转换地，广场的规模与转换交通量有关，包括机动车、非机动车、人流量等，广场要有足够的行车面积、停车面积和行人场地。对外交通的站前交通广场往往是一个城市的入口，其位置一般比较重要，很可能是一个城市或城市区域的轴线端点，所以常常是城市景观的重要窗口，应以满足行人庇荫、组织车流的需要为主，其次考虑必要的美化和装饰功能，并配合各种广场设施做局部造景。广场的空间形态应与周围建筑环境相协调，体现城市风貌，使过往旅客感觉舒适，印象深刻，如图4-3-1所示。

二、站前广场绿地的作用

车站是一个城市的"门户"，是游客对这个城市的"第一印象"，直接代表城市的品位和面貌，因而站前广场的绿化区别于一般的城市绿地，它具有表达地域性特色、组织交通、提供休息及休闲空间和提高环境品质等作用，如图4-3-2所示。

图4-3-1　站前广场

图4-3-2　站前广场绿地

首先，站前广场能通过地域性植物，尤其是树木的种类来体现城市的地域特色，如在站前广场上种植市花、市树等，具有明显的地方特色，会给外地旅客留下深刻的城市印象。

其次，绿化可以改善站前广场的小气候和生态环境。站前广场上为了满足人流量大的需求，通常有大面积的铺装地面，夏日炎热难耐，若能设有草坪、草花、乔灌木等植物点缀其上，就可以减少阳光照射产生的热辐射，给旅客步行、集散带来良好的遮阴，增加空气湿度，降低环境温度，给旅客营造良好的室外候车、短暂休憩的空间环境。

再次，绿化还常常被用来分隔场地，组织空间。对于广场的建筑群体空间环境来说，绿化更是一种衬托建筑、美化环境、组织空间的有效手段，用植物来分隔场地，形成软隔断，形成多个空间，空间彼此既隔离又相互渗透，形成丰富立体的多层次园林空间，大面积的绿化更是一种优美的城市景观，绿化系统与建筑同等重要。

三、建立完整的站前广场绿化生态系统

站前广场绿化系统通常由集中绿地和分散绿地、地面绿化和垂直绿化、静态水体和动态水体等组成。各组成部分应在点线面关系、动静形态和空间维度上有机结合，并与城市绿化系统相辅相成，形成完整的绿化生态体系。

1. 有关站前广场最小绿化面积的研究

调查发现，目前我国站前广场的绿化率高低相差悬殊，集中绿地面积的大小也因城市的特点、广场的用地环境条件和火车站的等级规模不同而差异极大。我们要在保证站前广场绿化"量"大小的前提下，再追求绿化的品质。

在提倡生态、讲究环保的今天，应该对站前广场的绿化面积、绿化率、绿化覆盖率等指标做出一个科学的规定，以便为站前广场进行规范化设计提供一个客观的参考标准。确定站前广场绿化面积的大小可以从城市环境和旅客对广场绿化的主观感受两方面着手。

从城市环境的角度出发，站前广场的绿化应满足城市绿化的有关规范："车站、码头、机场的集散广场绿化应选择具有地方特色的树种，集中成片绿地不应小于广场总面积的10%。"客观上看这是对城市规划和城市景观设计的一种管理方法，但从根本上并没有考虑到人们的主观感受。当站前广场的绿地率达到18%以上时，旅客就会对广场的环境产生认同感、亲切感，因此，可以将18%的广场绿地率定为广场绿化率的下限，当然，在满足旅客疏散要求的前提下，广场的绿化率越大，广场的生态环境就越好，如图4-3-3所示。

图4-3-3　尽量提高站前广场的绿地率

总的来说，站前广场终究还是以交通集散为主，有的站前广场，目前车辆不多，广场上布置了较大面积的绿地，以备将来交通发展时，部分改作停车场使用，这是一种比较好的处理方式。

2. 站前广场绿化的布置

站前广场的绿化要根据各场地功能来进行合理布置，主要有休息场地的布置，停车

场地的绿化布置以及边界过渡区和景观性地带的绿化布置。

为了满足旅客休息、逗留活动的要求,在种植地段之外安排有较大面积的铺装地面,如图 4-3-4 所示,并要有高大树木遮阴。当绿地面积不大时,通常采用半封闭的布置形式,种植地段的四周通常围以可兼做座椅的围护结构,以增强广场的可坐性。铺装地段上要在适宜位置多布置一些石料砌筑或者混凝土、钢木、玻璃钢等材料预制的座凳,以供旅客休憩之用,如图 4-3-5 所示。对于面积较大的休息绿地,可以采用开放式的布置,让旅客能自由出入种植地带而不加任何栏杆或绿篱分隔。这种方式使绿化和广场连成一片,感觉自然舒畅。但植物的养护管理要相对困难一些,绿地内部要设有一些小径,即要有游步路的设计。供旅客休息活动的绿地,不应设在被车流包围或人流穿越的地方。

图 4-3-4　广场铺装地面　　　　　　　　　　图 4-3-5　广场座椅

停车场的绿化(图 4-3-6)应当结合停车位的布置来考虑树木的种植,应考虑车辆的遮阴问题,在起到组织交通作用的同时,也能调节和改善停车场的小气候环境。为了尽量减少热辐射,又能解决车辆的承重问题,用嵌草地坪砖作为停车场地的铺地材料可以一举两得。

综合性交通体系带来了站前广场多层次的空间形式,而绿化与空间相辅相成,也向立体化发展,与平面的绿化相比,立体式的绿化有更丰富的视觉感受,景观性和引导性更强,能强调空间和丰富空间形式,使空间结构更清晰。南京新站前广场采用斜坡形式的绿化架空广场,广场自站房的二层坡向玄武湖面,使车站与湖面更加自然紧密地连接,形成独特的景观,如图 4-3-7 所示。

图 4-3-6　站前广场停车场绿化　　　　　　图 4-3-7　南京新站前广场绿化

用于隐蔽和分隔的绿化植物应以常绿树为主，而布置休息、观赏绿地上的树木则应常绿树和落叶树混合搭配，而且在外形和色彩上均应有所选择。由于广场上人流较多，树木不易成活，在绿化时，应采用大树移植的方法，以迅速达到绿化的效果。站前广场绿化的植物材料选择除了要考虑气候和土壤条件以外，还要注意选用生命力强、病虫害少、耐修剪、容易养护管理的树种。

【思考与练习】

1. 城市广场有哪些功能？
2. 文化娱乐休闲广场怎样设计？
3. 纪念性广场有哪些设计原则？
4. 纪念性广场怎样进行绿化配置？
5. 怎样建立完整的站前绿化生态系统？

技能训练

技能训练一　娱乐休闲广场设计

一、实训目的

熟悉娱乐休闲广场的设计原则，熟练掌握城市娱乐休闲广场的设计方法，合理有效地完成城市娱乐休闲广场的设计。

二、内容与要求

完成某方案的城市娱乐休闲广场绿化设计，结合周围环境景观特征，确定主题并进行绿地设计，科学设计娱乐休闲广场绿化形式，充分发挥其景观功能，使设计科学美观（图 4-3-8 仅供参考）。

三、方法步骤

1. 根据娱乐休闲广场环境特点进行绿化，制定合理美观的设计方案。
2. 合理进行绿化布局，合理选择绿化树种并设计出植物配置方案。
3. 绘制该娱乐休闲广场的平面图。

技能训练二　纪念性广场设计

一、实训目的

熟悉纪念性广场设计原理，熟练掌握纪念性广场的设计方法，合理有效地完成纪念性广场绿地的设计。

二、内容与要求

完成某方案的纪念性广场绿化设计，结合纪念主题特征，进行主题设计，并配置植物烘托纪念性主题，科学设计纪念性广场绿化形式，充分发挥其景观功能，使设计科学美观（图 4-3-9 仅供参考）。

三、方法步骤

1. 根据纪念性主题特征进行绿化，制定合理美观的设计方案。
2. 合理进行绿化布局，并设计出有鲜明主题特征的绿化方案。

主题小广场
观海亭
主题雕塑
水池

网球场
羽毛球场
花架
主题小广场
下沉式广场
雕塑墙
柱廊

图 4-3-8　湛江金海岸观海广场

3. 绘制该纪念性广场绿化的平面图。

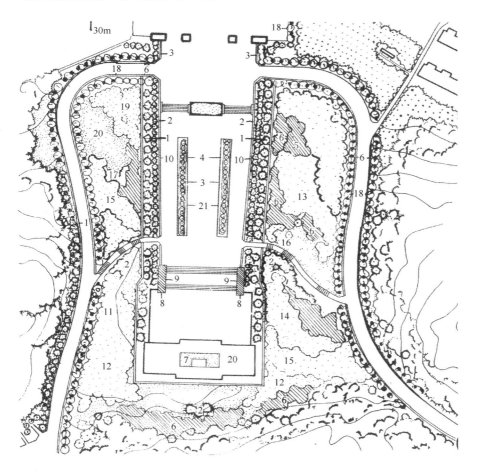

图 4-3-9　雨花台烈士陵园纪念性广场

1—雪松；2—冷杉；3—龙柏；4—金心红山茶花；5—广玉兰；6—桂花；7—美人茶花；
8—五针松；9—平头松；10—瓜子黄杨；11—鸡爪槭；12—红枫；13—白玉兰；14—垂丝
海棠；15—紫薇；16—绣球；17—小月季；18—法桐；19—水杉；20—草皮；21—花坛

项目五　居住区绿地规划设计

【内容提要】

　　居住区绿化是城市绿化的重要组成部分，最接近居民，与居民日常生活关系最为密切，它对提高居民生活环境质量，增进居民的身心健康至关重要，是改善城市生态环境的重要环节，而居住区的绿化水平，则是体现城市现代化的一个重要标志。本项目就别墅庭院规划设计和居住区绿地设计两个任务进行阐述，通过本项目的学习，使同学们掌握居住区绿地的设计方法，为以后进行园林设计岗位的工作奠定基础。

任务一　别墅庭院绿地设计

【知识点】

了解别墅庭院的分区。
掌握别墅庭院各分区绿化设计要点。

【技能点】

能够完成小型别墅庭院平面图设计。
能够完成小型别墅庭院的植物种植设计图。

相关知识

　　别墅庭院是独户庭院的代表形式，院内应根据住户的喜好进行绿化和美化。这类住宅具有建筑个性、分布零散独立、环境要求高等特点，与其他类型住宅相比，其最大的优点就是有较大的绿化空间，可在院内进行完整的绿地布局，设计假山、水池、喷泉和绿化，它们与别墅建筑两者相互协调，互相衬托，共同构建出高品质的生活环境。别墅庭院不仅仅在风格上更有特色，而且在装饰上极富灵活性、随意性，能使住户不仅嗅到自然的气息，同时享受居住的安逸，如图 5-1-1 所示。

一、别墅庭院的分区

1. 前庭（公开区）

从大门到房门之间的区域就是前庭，是住宅正面向主干道的主通道，主要是由人、车出入口和草坪、树木花卉以及建筑小品等组成。这是主人和宾客进入住宅的必经之地，它给外来访客以整个景观的第一印象，因此要保持清洁优美，并给来客一种清爽、好客和有品位的感觉，如图 5-1-2 所示。

图 5-1-1 别墅庭院绿化效果图

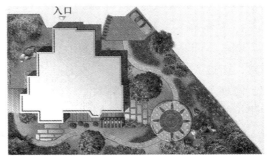

图 5-1-2 别墅庭院分区平面图

前庭的入口处经常种植多种常绿灌木和观赏花卉，这样可以起到装饰美化的作用。前庭的正面或侧面也经常种植几棵观赏树木，春来繁花似锦，秋到果实累累，有的乔木四季叶子都呈不同色彩，更能起到美化作用。可以在前庭入口处设花架、花棚、花门作为入口的象征，也可设圆形花架作为大门，主要起到装饰空间的作用，如图 5-1-3 所示。

2. 后庭（私有区）

后庭是别墅庭院最大的室外活动空间，也是家人休闲的主要地方。后庭的使用功能比较复杂，除供家人休闲游乐外，也是招待亲友的好地方，此外还可以供儿童游戏、体育锻炼等。

后庭的内容因居住者的不同爱好而异。后庭内可设供休息、活动的木地板平台，硬地铺装和儿童游乐设施，此外还可种有供观赏的花坛和作隐蔽和美化环境用的各种乔木灌木及设置各种建筑小品。有的后庭根据主人爱好还可以做日光室、游泳池等设施，如图 5-1-4 所示。围墙用石材和植物搭配使得庭院的私密性增加不少。

住宅的前庭、后庭应该和住宅的建筑风格协调一致，这样有利于营造出个性化的别墅庭园。

图 5-1-3　别墅前庭　　　　　　　　　图 5-1-4　别墅后庭

二、别墅庭院景观特点

1. 私密性

庭院空间是一个外边封闭而中心开敞的较为私密性的空间，这个空间有着强烈的场所感，所以人们乐于去聚集和交往。我国传统的庭院空间承载着人们吃饭、聊天、洗衣、修理东西、看报纸、晒太阳、打牌、下棋、听收音机等日常性和休闲性活动。而现代建筑的庭院空间所承载人们活动的范围更广，特别是能使快节奏生活的人们通过视、听、触、嗅等感官从庭院休闲活动中得到压力的释放，如浇花剪草时享受阳光的照射、清新的空气、花草的芳香等，娱乐时感受休憩设施的舒适和放松、观赏花草树木的自然美、倾听流水的声音等，如图 5-1-5 所示。

2. 室内空间的延伸

庭院是人工化的自然空间，是建筑室内空间的外在延续，人们除了室内空间的活动外，还需到室外空间中呼吸新鲜空气、接受阳光的抚慰、领略自然美等融入大自然的活动以及聊天、娱乐、散步等日常休闲活动，庭院空间恰好就为这些活动提供了理想的场所，如图 5-1-6 所示。

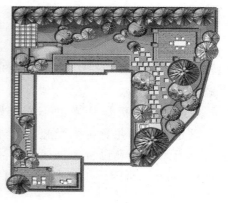

图 5-1-5　别墅庭院的私密性　　　　　图 5-1-6　室内外空间的延伸

三、别墅庭院规划设计

营造一个美丽庭院的第一步就是要做好规划设计。首先应决定庭院的风格，然后根据环境条件、家庭人员组成及养护能力等情况制定庭院规划设计。

1. 别墅庭院设计的要求

（1）满足室外活动的需要，将室内室外统一起来考虑。

（2）亲切、简洁、朴素、轻巧、自由、灵活。

（3）为一家一户独享，要在小范围内达到一定程度的私密性。

（4）尽量避免雷同，每个院落各异其趣，既丰富街道面貌，又方便住户自我识别。

2. 别墅庭院风格的确定

庭院有多种不同的风格，一般是根据业主的喜好确定其基本的样式。庭院的样式可简单地分为规则式和自然式两大类，目前从风格上可将私家庭院分为四大流派：亚洲的中国式和日本式，欧洲的法国式和英国式。而建筑却有多种多样的不同风格与类型，如古典与现代的差别，前卫与传统的对比，东方与西方的差异。常见的做法多是根据建筑物的风格来大致确定庭院的类型。过去具有典型日本庭院风格（图 5-1-7）的杂木园式庭院与茶庭等，往往融自然风景于庭院之中，给人清雅幽静之感，但日式庭院与西式建筑两者难以统一，日式建筑与规则式庭院也有格格不入之感，因此要考虑到庭院风格与建筑物之间的协调性。

如果主人有足够的时间和兴趣，可定期、细致地养护园中植物的话，则可选择较为规则的布局方法，将耐修剪的黄杨、石楠、栀子等植物修剪成整齐的树篱或球类，让环境更华美精致，尤其在欧式建筑的小庭园中，应用规则式整形树木较多。而这一风格可因地制宜用于大庭园或小局部。不对称的规则式庭院也是几何形状，但它的两条轴线不是将庭院对称地划分成几个部分，如图 5-1-8 所示。它的轴线之一从圆形天井开始，穿过一座长长的花架，最后到达另一端的雕像。而另一条轴线则从凉亭直达花架，设计中也采用了几何图形。

图 5-1-7　日式庭院

图 5-1-8　欧式庭院

在中小型庭院中适合进行自然式布局，可以栽植自然式树丛、草坪或盆栽花卉，使生硬的道路建筑轮廓变得柔和，尤其是低矮、平整的草坪能供人活动，更具亲切感，使园子显得比实际更大些。在庭园的角隅或边缘，在园路的两侧可以栽植多年生花卉组成的花丛，如由朴素的雏菊、颜色缤纷的郁金香、紫红色花的白芨、花色洁白的玉簪和葱兰组成的花丛，留下的空间可放置摇椅、桌凳供人休息。花丛式的布置植株低矮，可扩大空间感，有良好的活动和观赏功能，如图5-1-9所示。

3. 别墅庭院空间的划分

庭院别墅只是一家所有，多为主人一家使用或其亲戚朋友参观活动用，庭院空间划分应根据家庭人员组成与年龄结构有所选择。重点考虑老人与儿童的安全性与活动场地的设置，此外，庭院空间设计必须考虑其私密性和室内空间延伸的特点。用木条栅栏、篱笆或花架与邻家庭院相通，在休闲区域可以考虑用拱门或花架、廊架来进行空间划分，产生"曲径通幽"和"柳暗花明又一村"的效果，如图5-1-10所示。

图 5-1-9　中小型庭院绿化　　　　　　　图 5-1-10　廊架划分空间

4. 别墅庭院各组成要素的设计

（1）地形

在别墅庭院中，由于场地较小，一般不设置微地形或只设置坡度很缓的微地形，如图5-1-11所示。

（2）水体

在各种风格的庭院园林中，水体均是不可替代的造景要素，水可以与庭院中的一切元素共同组成一幅美丽的水景图，如图5-1-12所示。庭院水体的特点是小而精致，常见的形式有两种：一种是自然状态下的水体，如自然界的湖泊、池塘、溪流等，池中荷花、荷叶亭亭玉立，小金鱼嬉戏于荷叶间；一种是人工状态下的水体，如喷水池、游泳池等，还可以选择现代的墙式水景，如金属或石料水碗、墙壁水、水幕墙等。但需要注意的是，无论选择哪一种，水体的深度既不能太深又不能太浅，主要从安全性上考虑。

图 5-1-11　庭院地形　　　　　　　　　图 5-1-12　庭院水景

（3）植物

植物是园林景观营造的主要素材，所以别墅能否达到实用、经济、美观的效果，在很大程度上取决于对园林植物的选择和配置。别墅中经常用柔质的植物材料来软化生硬的几何式建筑形体，如基础栽植、墙角种植、立体绿化等形式。别墅庭院里的植物种类不宜太多，应以一两种植物作为主景植物，再选种一两种植物作为搭配。有高逾百米的巨大乔木、也有矮至几公分的草坪及地被植物；有直立的、也有攀缘的和匍匐的；树形也各异，如圆锥形、卵圆形、伞形、圆球形等。植物的叶、花、果更是色彩丰富，绚丽多姿，因为有这样好的素材，所以在我们别墅庭院设计中可以大量用植物来增加景点，也可以用植物来遮挡私密空间，同时因为植物的多样性我们也可以做出庭院的四季季相，如图 5-1-13 所示。植物的选择要与整体庭院风格相配，植物的层次要清楚，形式要简洁而美观。

（4）园林建筑小品

庭院中的园林建筑小品是园林中供休息、装饰、照明、展示和为园林管理及方便游人之用的小型建筑设施。一般设有内部空间，体量小巧，造型别致，既能美化环境，又能丰富园趣，人们欣赏和评判庭院不可能站到高处，其主要途径是通过走路去实现的，而庭院小品又是在一个人的视线范围内，好的庭院小品不但会掩盖设计、装修的缺陷，而且还能起到画龙点睛的作用。庭院小品好像是挂在一个人身上的饰品，有时能充分反映造园主题、建园风格和主人的修养、喜好，如图 5-1-14 所示；有的庭院小品还带有实用性，如园灯、秋千、亭、廊等，并借此达到绿景随行，借景有因，虽由人作，宛自天开的意境。

图 5-1-13　庭院植物搭配

图 5-1-14　庭院小品

庭院素材的运用是没有一定之规的，但精美的庭院是由植物、水景、建筑、小品等各种不同的素材经过艺术的组合而成的，因此素材运用得好，可以非常出彩。在庭院景观中常用的建筑小品有假山、凉亭、花架、雕塑、桌凳等。同时还可以用一些装饰物和润饰物，风格力求大胆，如日晷、雕像、花盆（图 5-1-15）等。运用小品把周围环境和外界景色组织起来，能使庭院的意境更生动，更富有诗情画意。

（5）园路

别墅庭院中的园路主要供庭院主人散步、游憩之用，主要突出窄、幽、雅，如

图 5-1-16 所示。铺装一般较灵活，可用天然石材、各色地砖或黑白相间的鹅卵石铺就，还可使用步石、旱汀等，宽度 0.2～0.5m 为宜，路两侧布置花境、开花乔灌木和遮阴树等，丰富园路景观。

图 5-1-15　园林饰品　　　　　　　　图 5-1-16　别墅园路

任务二　居住区绿地设计

 【知识点】

了解居住区绿地组成的基本知识。

掌握居住区绿地设计的基本理论。

 【技能点】

能够对居住区调查所得的资料进行整理和分析，作出整体方案的初步设计。

能够完成居住区绿地设计平面图。

 相关知识

居住区绿地在城市园林绿地系统中分布最广，是普遍绿化的重要方面，是城市生态系统中重要的一环。随着城市现代化进程步伐的加快，居住区的绿化水平也应相应地提高，以更好地满足人们对环境质量的不同要求，以改善和维护小区生态平衡为宗旨，以人与自然共存为目标，创造富有自然情趣的生活环境，突出植物造景，形成一个植物季相各异、丰富多彩的自然景观，为居民提供一个良好的生态环境。

一、居住区绿地的组成与指标

（一）居住区绿地组成

居住区绿地的主要类型有居住区公共绿地、宅旁绿地、居住区道路绿地及专用绿地等。

1. 居住区公共绿地

居住区公共绿地就是供全区居民共同使用的绿地（图 5-2-1），其位置适中，并靠近小区主路，适宜于各年龄段的居民使用，其服务半径以不超过 300m 为宜。从居住区规划结构形式上，包括居住区公园（居住区级）、小游园（小区级）、居住生活单元组团绿地（组团级）以及儿童游戏场和其他的块状绿地、带状公共绿地等。

2. 宅旁绿地

宅旁绿地也称宅间绿地，多指在行列式建筑前后两排住宅之间的绿地，一般包括宅前、宅后以及建筑物本身的绿化，如图 5-2-2 所示，是居民最常使用的一种绿地形式，尤其适宜于学龄前儿童和老人。

3. 居住区道路绿地

居住区道路绿地是指居住区内道路红线以内的绿地，其靠近城市干道，具有遮阴、防护、丰富道路景观等功能，如图 5-2-3 所示。一般根据道路的分级、地形、交通状况等进行布置，可分为居住区道路、小区路、组团路和宅间小路四级。

图 5-2-1　居住区公共绿地

图 5-2-2　宅旁绿地

4. 其他绿地

其他绿地包括居住区住宅建筑内外的植物栽植，一般出现于阳台（图 5-2-4）、窗台及建筑墙面、屋顶等处。

图 5-2-3　道路绿地景观

图 5-2-4　阳台绿化

根据《城市居住区规划设计规范》的要求，居住区公共绿地要满足以下要求：第一，居住区公共绿地至少有一边与相应级别的道路相临；第二，居住区绿地面积至少应占总用地的30%，一般新建区绿地率要在40%～60%，旧区改造不低于25%；第三，应满足有不少于1/3的绿地面积在标准日照阴影之外的要求；第四，块状、带状公共绿地同时应满足宽度不小于8m、面积不小于400m²的要求；第五，绿化面积（含水面）不宜小于居住区公共绿地总面积的70%。

（二）居住区绿地指标

居住区绿地指标用于反映一个居住区绿地数量的多少和质量的好坏以及城市居民生活的福利水平，也是评价城市环境质量的标准和城市居民精神文明的标志之一。

居住区绿地指标由居住区绿地率、绿地覆盖率和人均公共绿地面积组成。

绿地率：居住区用地范围内各类绿地面积的总和占居住区用地总面积的比率。

绿化覆盖率：居住区用地范围内所有绿化种植的垂直投影面积占居住区总面积的百分比（乔木下的灌木投影面积、草坪面积不得重复计入在内），如图5-2-5所示。

人均公共绿地面积：居住区中每个居民平均占有公共绿地的面积。

根据我国有关规定："居住区内公共绿地的总指标，应根据居住人口规模分别达到：组团不少于0.5平方米/人，小区（含组团）不少于1平方米/人，居住区（含小区和组团）不少于1.5平方米/人，并应根据居住区规划组织结构类型统一安排、灵活使用。旧区改造可酌情降低，但不得低于相应指标的50%。"

二、居民对绿地的心理需求

1. 植物的色泽、香味可以调节人的情绪，如图5-2-6所示，缓解人们工作与生活中的压力，但是要注意暖色调与中性色及冷色调的结合应用，因为不同的色调会给人以不同的心理感受，如春季多风少雨，色彩灰暗，植物选择应以春季开花为暖色调为主，给人以温暖热烈的感觉；夏季炎热干旱，开花植物较少，特别是冷色花卉，可以用白色花卉搭配效果更好，给人以清凉的心理感受。

图5-2-5　居住区绿地覆盖率

图5-2-6　居住区的植物颜色

2. 无障碍道路设计体现人性化设计理念。如盲道（图5-2-7）及栏杆的设计，要便于盲人使用，确保安全性。

3. 绿化面积和空间大小要合理配置。尺度过大的绿化空间，实用性降低，居民领域感减弱，人们更喜欢贴近宅前的绿化景观，所以，绿化中以组团为中心，营造亲切宜人的绿化空间。把绿化与铺地、小路结合，使人既可游览，也可随时坐下休息，让人们尽情地享受自然，如图 5-2-8 所示。尽量不用幽闭的闭锁空间给人以不安全感和压抑感。

图 5-2-7　居住区盲道

图 5-2-8　居住区休闲绿地

4. 民间有云"没有吃过猪肉还没见过猪跑"，而现在是"吃过猪肉没见过猪跑"，因此可以种植一些园艺植物满足人们对自然的渴望，同时也可以使小朋友了解自然，认识自然，如种植枣树、花椒、核桃、桃树、杏树等。

三、居住区绿地规划设计的原则

（一）居住区绿地规划设计原则

1. 统一规划，均匀分布。

居住区绿地规划应与居住区总平面图规划阶段同时进行，统一规划，绿地均匀分布在居住区内部，使绿地指标、功能得到平衡，居民使用方便。以提高居住区的环境质量，维护与保护城市的生态平衡。同时，绿化和环境设施相结合，相互避让，共同满足舒适、卫生、安全、美观的综合要求，同时满足人们对室外绿地环境的各种观赏和使用功能的要求。

2. 因地制宜，注重保护。

因地制宜，要充分利用原有自然条件，充分利用地形、原有树木、原有建筑，以节约用地和投资金额。尽量将劣地、坡地、洼地及水面作为绿化用地，并且要特别对古树名木加以保护和利用，如图 5-2-9 所示。

3. 植物造景，巧组空间。

居住区绿化应以植物造景为主进行布局，并利用植物组织和分隔空间，改善居住区环境卫生与小气候。利用绿色植物塑造绿色空间的内在气质，风格亲切、平和、开朗，各居住区绿地也应突出自身特点，如图 5-2-10 所示。

图 5-2-9　充分利用原有资源　　　　　　　图 5-2-10　植物造景，巧组空间

4. 以人为本，方便居民。

居住区绿地设计要处处体现以人为本的设计思想，注意园林建筑、小品的尺度，如图 5-2-11 所示，营造亲切的人性空间。根据不同年龄段居民活动、休息的需要，设立不同的休息空间，尤其注意要为残疾人的生活和社会活动提供场地条件，例如一些无障碍设施的设置等。

5. 突出特色，布局新颖。

绿地设计要突出小区的特色，力求布局新颖，强调风格的体现，可通过小区主题的设置，园林建筑、小品的配置，园路铺装的设计（图 5-2-12）和树种的选择与搭配等来体现。

图 5-2-11　居住区园林小品　　　　　　　图 5-2-12　居住区道路特色铺装

6. 立体绿化，增加绿量。

充分运用垂直绿化、屋顶、天台绿化（图 5-2-13），阳台、墙面绿化等多种绿化方式，增加绿地覆盖率和景观效果，美化居住环境，改善居住区生态环境。同时，充分运用植物覆盖所有可覆盖的土壤，提高绿视效果，弥补空间缺陷。

（二）居住区绿地植物配置原则

1. 充分保护和利用绿地内现有树木，尤其是古树名木。

2. 乔灌结合，常绿植物和落叶植物结合，速生植物和慢生植物相结合，比例应控制在 1/4～1/3 之间，同时点缀花卉草坪，主要采用复层结构，如图 5-2-14 所示，通过乔木、灌木和地被植物三者的有机结合，以提高居住区绿地单位绿地面积系数和绿量。

图 5-2-13　天台绿化　　　　　　　图 5-2-14　乔灌草复层结构绿化

3. 植物种类不宜繁多，但也要避免单调，要达到多样统一的要求。在儿童活动场地，要通过少量不同树种的变化，便于儿童记忆，辨认场地和道路。

4. 在统一基调的基础上，树种力求变化，创造出优美的林冠线和林缘线，打破建筑群体的单调和呆板感，如图 5-2-15 所示。

5. 在栽植上，尽量采用孤植、对植、丛植等，如图 5-2-16 所示，适当运用对景、框景等造园手法，装饰性绿地和开放性绿地相结合，营造丰富而自然的绿地景观。植物配置"杂而不乱"，避免雷同，不同区域形成不同的特色，便于方向的辨别与位置的确定，同时大大丰富了生物多样性。

图 5-2-15　植物打破建筑的单调感　　　　图 5-2-16　植物多孤植、丛植

6. 充分利用植物的观赏特性，通过植物叶、花、果实、枝条和干皮等显示一年中的季相变化，尽量做到三季有花（图 5-2-17），花不同；四季有景，景各异。

春季观花植物，如迎春、玉兰、碧桃、连翘、榆叶梅等，配以草的新绿、树的嫩芽，给人以春花烂漫、生机盎然的景观效果；夏季开花的植物较少，如合欢、石榴、珍珠梅、紫薇等，但是配以高大落叶乔木给人以绿荫匝地、花草茂盛的视觉感受；金秋时节开花植物较少，却也有菊花、月季香飘万里，柿树、贴梗海棠等硕果累累，银杏、火炬树等丰富多彩的秋叶植物美不胜收；冬季腊梅傲雪风霜，常绿植物挺拔威严，落叶树枝干遒劲，婀娜多姿，别有韵味。

7. 选择植物，注意安全。如杨树、柳树的雌株，柳絮繁多，飞扬时间长，会给人体呼吸道带来不良反应，种植时应以雄株为宜；漆树漆液有刺激性，会引起皮肤过敏；很多人对丁香花粉过敏，少用；凌霄有毒，慎用；刺槐、蔷薇有刺（图5-2-18），应远离人群；易生病虫害的植物少用或者多养护，如需喷洒农药时注意标示警示语，尽可能用生物防治，效果更佳。

图 5-2-17　居住区绿地三季有花

图 5-2-18　蔷薇花可作边缘防护

四、居住区各类绿地规划设计

（一）公共绿地规划设计

1. 居住区公园设计

居住区公园是居住区配套建设中的集中绿地，服务于全居住区的居民，面积较大，相当于城市小型公园，它不仅有大片的绿地空间，还有许多游憩活动的设施，是群众性文化教育、娱乐、休息的场所，对城市面貌、环境保护、人民的文化生活都起着重要作用。居住区公园内的设施比较丰富，有各年龄组休息、活动用地，构成要素除了花草树木外，还有适当比例的建筑、活动场地、园林小品及活动设施。

居住区公园与城市公园相比，游人成分比较单一，主要是本居住区的居民，游园时间比较集中，多在一早一晚，特别是夏季的晚上，是游园的高峰，因此，加强照明设施、灯具造型和夜香植物的布置，成为居住区公园的特点。为方便居民使用，一般将此公园设在居住区几何中心位置，服务半径不宜超过800m，居民步行10min左右可以到达。

1）居住区公园设计注意事项

（1）为最大限度地满足人类亲近自然的愿望，应尽可能地丰富和美化环境。应种植色彩多样、不同质感、树形的植物，或种植芳香花灌木，以招引鸟类和蝶类；设置具有动态和观赏效果的不同水体，如动态的喷泉（图5-2-19）和壁泉，静态的水池等，其中水体的落水声是环境设计中的一个重要元素，它能抚平人们烦躁的心情，给人以愉悦和幸福感。

（2）确保无需修剪的大型树木的生长空间。选用具有体量感的大树，如图5-2-20所示，围合空间创造自然氛围，同时大树能在防晒和防风上起到一定的作用。

图 5-2-19　居住区喷泉	图 5-2-20　居住区大树

（3）设置曲折蜿蜒的游步道（图 5-2-21），对希望拥有私人空间和喜欢独处的居民来说，散步在曲径通幽的小路，独自眺望周围的自然景色，是他们最理想的休息方式，其中最受欢迎的是在沿水边设置的游步道或水中汀步上行走，边戏水边眺望水中倒影，享受自然乐趣。

（4）给公园中的各种植物创造适合生长的环境空间，因为这是连接城市中人与自然的重要精神纽带。

（5）在安排休息空间时，必须考虑气候的变化、日照、通风性的好坏等，这些都是影响公园利用的重要因素。设计过程必须考虑各种情况，如夏季炎热，冬季刮风等。因此，选择树种时要慎重，如在夏季炎热和冬季寒冷的地段最好选用落叶树种，因为冬季可以得到充分的日光照射，而夏季又是避暑乘凉的好场所，如图 5-2-22 所示。

图 5-2-21　蜿蜒的游步道	图 5-2-22　居住区休息空间

2）居住区公园设计

（1）自然要素设计

居住区公园是钢筋混凝土沙漠中的"绿洲"，是居住区的"绿肺"，公园中自然景观如树木、山水以及四季的轮回等给人们视觉上的放松，提供了人们接触自然的有效场所。因此为了营造亲切宜人的环境，要在设计中有意识地引入自然要素。

① 水体设计

在居住区公园中水体的设计应表现出人与水千丝万缕的感情联系，首先尺度上应与居住区整体环境相协调，水池、喷泉、瀑布以及小品、雕塑之间能做到主次分明，附属要素能很好地衬托主体；人与水体的尺度关系即人的亲水程度，比如池岸的高度、水的深浅和形式等，要符合居民的心理和行动需求。

其次，水体形态有动静之分，不同状态的水体给人以不同的感受：平静的水常给人以安静、轻松、安逸的感觉，如图 5-2-23 所示；流动的水则令人兴奋和激动；瀑布气势磅礴，令人遐想，如图 5-2-24 所示；涓涓细流，让人欢快活泼；喷泉的变化多端，给人以动感美等。

图 5-2-23　静态水池　　　　　　　　图 5-2-24　动态的瀑布

另外，还有驳岸的设计，在硬质景观设计中如能巧妙地在驳岸的形式、材质上做文章，通过河道的宽窄和形态控制水流速度，制造急流、缓流、静水，形成动静结合、错落有致，自然与人工交融的水景，再辅以灯光、喷泉、绿化、栏杆等装饰，可形成多视线、全天候的标志景观。

② 绿化设计

随着人们物质生活水平的日益提高，人们对居住区绿化、美化的要求及欣赏水平也越来越高。居住区绿化应从其作用出发，遵循绿化规划原则，使居住环境适应现代建筑，满足功能需求。居住区公园的绿地结构一般都视野开阔、树种搭配多样、空间变化丰富，能够较好地展现自然之美，体现人与自然的和谐关系，如图 5-2-25 所示。

在绿化配置上，突出"草铺底、乔遮阴、花藤灌木巧点缀"的绿化特点，同时尽量使其能发挥最佳生态效益。树木的种植方式由场地的规模和功能而定，如以欣赏树木的姿态为主的植物应孤植；利用树木划分空间，引导视线可以采用列植；休息区域种植遮阳隔声（图 5-2-26）的树种等等。因此，环境绿化不再是简单的种树栽草，而应做到春有花、夏有荫、秋有果、冬有绿；落叶乔木、常绿灌木、地被草坪高低参差、交相辉映，充分满足崇尚田园生活的现代人的审美需求。

树种选择上，充分考虑植物的生物学特性，做到"适地适树"，即根据气候、土壤、水分等自然条件来选择能够健壮生长的树种，通常的做法是选用乡土树种和地方品种。

（2）交往空间设计

居住区公园是最适合的邻里交往的场所，促进邻里交往的努力，应该从设计绿地等公共场所各个细部的交往空间着手。

图 5-2-25　居住区公园绿化　　　　　　　图 5-2-26　休息区遮阴树

① 空间边界的处理

空间的边界可以是地形、台阶（图 5-2-27）、护墙、绿化，也可以是长椅的靠背。尽管公共场所里的许多活动是事先约定的，但设计者同样应该关注那些偶然发生的活动。因为绿地中的公众活动应该让路过的人、住在附近的人能够观察到活动进行的情况，以决定是否加入，所以绿地的边界不能过于封闭，在适当的地方应该视线通透，场地开敞。

② 道路引导

道路是居住区的构成框架，一方面它起到了疏导居住区交通、组织居住区空间的功能，另一方面，好的道路设计本身也是一道景观，是构成居住区的一道亮丽风景线，如图 5-2-28 所示。人们在与他人交往的问题上希望有选择的自由，所以，道路允许人们紧贴这些场所经过，而不是直通或止于交往可能发生的地方。

图 5-2-27　居住区公园的台阶处理　　　　图 5-2-28　居住区公园的道路绿化

（3）环境设施的设置

在公园中设置各种活动、运动场地以满足人们运动、游戏的需求，使人们在更大范围内进行社会交往、思想交流和文化共享，提高公园空间的人气，充分体现其亲和力和人性化。

① 老年人活动区

随着老年人在城市人口中所占比例日益增大，居住区中的老年人活动区在社区中使用率是最高的，很多老年人已养成早晨在公园中晨练，白天在公园中打牌（图 5-2-29）、下棋、晚上在公园散步的习惯，因此在居住区公园内老年人活动区的设置是不可忽视的。

在设计中可分为动态活动区和静态活动区：动态活动区主要以健身活动为主，可设置一些简单的体育健身设施如单杠、压腿杠、门球等。在活动区外围应有林荫及休息设施，如设置亭、廊、花架、座凳等，便于老年人休息。静态活动区主要供老人们晒太阳、下棋、聊天、观望、学习、打牌、谈心等，场地的布置应有林荫、廊、花架等，保证夏季有足够的遮阴、冬季有足够的阳光。

② 青少年运动场地

在居住区公园中应设置青少年常来光顾的运动场所，如篮球场（图 5-2-30）、羽毛球场甚至足球场，场地边缘种植遮阴树，同时把运动场地设在公园边缘，这样产生的噪声和拥挤不会干扰到安静区。在场地周围为观众设置长椅，可以把场地设置在缓坡下面，以便观众可以看清整个场地。场地周围避免栽植大量扬花、落果、落花的树木，以减少对运动场地的不利影响以及场地的清扫工作。

图 5-2-29　老人活动区

图 5-2-30　青少年运动场

图 5-2-31　儿童游戏场

③ 儿童游戏设施

儿童实际上是弱势群体，他们需要我们的指引、帮助和关怀，因此我们要为他们创造优美的游戏娱乐园地。居住区公园是他们最频繁光顾的场所，如图 5-2-31 所示，设计好他们的娱乐园地要注意：了解儿童的需要，这一点很重要，儿童有独特的喜好，如明亮愉悦的颜色会带给儿童愉快的情绪，游对的同时体会从中获得知识的幸福；界定游乐场的面积和边界，满足使用功能就好，不必太大，还要特别注意会影响游乐设施放置的那些客观因素，如下水道、障碍物、灯柱等，合理安排它们的位置，确保儿童游乐场的安全；游乐场的选址必须考虑周围的交通状况，如是否方便在游乐场内骑自行车或滑板，是否方便携带婴儿车或轮椅进入等。

2. 居住区小游园设计

居住小区中心游园主要供小区内居民使用。服务半径为 300～500m，步行 3～5min 即可到达。小区公园的主要服务对象是老人和青少年，是休息、观赏、游玩、交往及文娱活动的场所。小游园要求位置适中，多数布置在小区中心，也可在小区一侧沿街布置，以形成绿化隔离带，美化街景，方便居民及游人休息。

1）居住区小游园在设计过程中应注意的问题

（1）特点鲜明突出，布局简洁明快

小游园的平面布局不宜复杂，应使用简洁明快的几何图形，如图 5-2-32 所示。从美学理论上看，明确的几何图形要素之间具有严格的制约关系，被认为是完整的象征，而且最能给人以美感；同时对于整体效果、远距离及运动过程中观赏效果的形成也十分有利，具有较强的时代感。

（2）因地制宜，力求变化

因地制宜地对各种造景要素进行设计。如果规划用地面积较小，地形变化不大，周围是规则式建筑，则游园内部道路系统则以规则式为佳；若地段面积稍大，又有地形起伏，则可以自然式布置。城市中的小游园贵在自然，最好能创造出使人从嘈杂的城市环境中脱离出来进入自然的感觉，同时园景也宜充满生活气息，有利于居民逗留休息。另外，要发挥艺术手段，如图 5-2-33 所示，将人带入设定的情境中去，使人赏心悦目、心旷神怡，做到自然性、生活性和艺术性相结合。

图 5-2-32　几何图形小游园　　　　图 5-2-33　将艺术手段应用于绿地设计当中

（3）小中见大，充分发挥城市绿地的作用

由于小游园的面积普遍比较小，因此如何在较小的空间中进行合理的布局，使人产生"大且丰富"的感觉，这是小游园设计过程中应该重点探讨的一个问题。

① 绿地布局要紧凑

尽量提高土地的利用率，如可利用围墙建半壁廊作为宣传用地，利用边界建 50～60cm 高的长条花台，将园林中的死角转化为活角，利用围墙或栅栏作垂直绿化等。

② 绿地空间层次要丰富

因小游园面积小，为了使游客游园成趣，因此在空间设计上要尽量增加空间层次，不能使游人入园后对于景观有种一览无余的感觉，可以利用地形、小品、道路、植物等造园要素进行分隔，形成隔景，如图 5-2-34 所示，增加空间层次，所谓"曲径通幽处，禅房花木深"就是这个道理。此外，还可以利用各种形式的隔断、花墙、景墙构成园中园，园内设景，增加空间层次。花墙、景墙设计时应注意装饰与绿地相陪衬，使其隐而不藏，隔而不断。

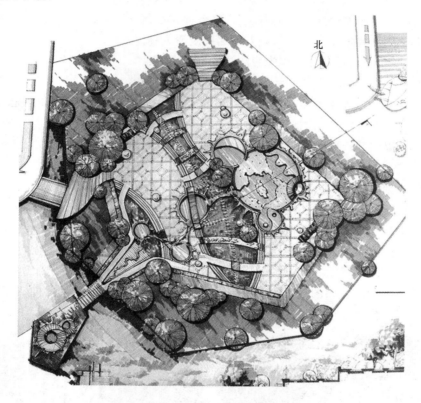

图 5-2-34 小游园丰富的空间层次

③ 建筑小品应以小巧取胜

亭子、廊架（图 5-2-35）、花坛、道路、铺地、座凳、栏杆、园灯等园林建筑小品的数量与体量要控制在满足游人活动的基本尺度要求之内，因小游园空间较小，所以建筑小品应以小巧取胜，与周围环境充分融合，使游人产生亲切感，方便游人使用，此外，园林小品在造景的同时也起到扩大空间感的作用。

（4）注重植物造景

① 植物配置与环境相协调

树种的选择应与周围环境的性质、形体和颜色等相协调，如建筑前一般不宜种植形体较粗、生长较快的乡土树种，而采用生长缓慢的常绿树种或开花乔灌木；规则式绿地植物多采用列植，自然式绿地植物多采用孤植、散植或群植。

② 体现地方风格，反映城市特色

小游园要从树种选择、植物配置、构图意境等方面显示城市风貌，体现本地特色，如

图 5-2-36 所示，具体做法可以考虑在树种选择上以当地特有的乡土树种为主，选用城市的市树、市花等，或在配置和构图时考虑与城市的历史文化相结合，创造城市特色景观。

图 5-2-35　居住区廊架　　　　　　　　图 5-2-36　植物体现地方特色

③ 严格选择主调树种

考虑主调树种时，除注意其色彩美和形态美外，更多地要注意其风韵美，使其姿态与周围的环境气氛相协调。

④ 注意季相变化

小游园中的景观要丰富而有变化，才能吸引居民游园，园景只有常见常新，才能产生最好的景观效益。因此，园内应体现"春有芳花（图 5-2-37），夏有浓荫，秋有色叶色果，冬有苍松"的季相变化，使四时景观变化无穷。

⑤ 注意乔、灌、草结合

为了在较小的绿地空间中取得较大活动面积，而又不减少绿色景观量，植物种植可以乔木为主，灌木为辅，乔、灌、草相结合，形成植物群落，如图 5-2-38 所示，既美观又可提高植物生态效益。乔木以散植为主，在边缘适当辅以树丛，灌木应多加修剪，适当增加宿根花卉种类，尤其在花坛、花台、草坪间更应如此，以增添色彩变化。此外，应多考虑加大垂直绿化的应用。

图 5-2-37　春有芳花　　　　　　　　图 5-2-38　植物群落景观

（5）合理组织游览路线，吸引游人

在进行园路设计时要注意，组织一个较为合理的游览路线，形成一个合理的风景展开序列，从而激发游人的游览兴趣，如图 5-2-39 所示。另外，在设计时还应注意园路形式的变化以及用园路进行造景。

（6）注重硬质景观与软质景观的结合

硬质景观主要指采用人工材料组成的景观（包括建筑小品、雕塑、铺地等）；而软质景观主要指绿地、水体等造景要素。硬质景观与软质景观在造景表意、传情等方面各有短长，要按互补的原则恰当地处理，在造景时将两者结合起来，如图 5-2-40 所示。如硬质景现突出点题入境，象征与装饰等表意作用，主要用来创造主题景观；软质则突出情趣，和谐舒畅、自然等作用，主要用来烘托主题，协调周围环境。

图 5-2-39　合理组织游览路线　　　　图 5-2-40　硬质景观与软质景观相结合

2）居住小区中心游园设计要点

（1）确定小游园的位置及规划形式

居住区小游园一般在小区的一侧沿街布置或在道路的转弯处两侧沿街布置，可以形成绿化隔离带，能减弱干道的噪声对临街建筑的影响，还可以美化街景，便于居民使用；也可以在小区楼体围合中心处布置，成为居民使用率最高的休闲绿地。位置确定后结合小游园构思立意、地形状况、面积大小、周边环境和经营管理条件等因素进行规划，小游园平面布置形式可采用规则式（图 5-2-41）、自然式和混合式。

（2）功能分区设计

根据游人不同年龄特点划分活动场地和确定活动内容，特别要考虑老人和儿童活动所需的场地和配套设施。场地之间既分隔又紧凑，将功能相近的活动区布置在一起。重点考虑动静两区之间在空间布局上的联系与分隔问题，如图 5-2-42 所示。

图 5-2-41　规则式小游园　　　　　图 5-2-42　小游园功能分区

（3）入口设计

结合园内功能分区、地形条件、道路系统，在不同方向设置出入口，数量不少于两个，以方便居民进出为主，但要避开交通拥挤的场所，注意使居民安全出入。入口处应适当放宽道路或设小型内外广场以方便集散，如图 5-2-43 所示。入口内设花坛、假山石、景墙、雕塑、植物等作为对景，这样有利于强调并衬托入口设施，同时主出入口应采取无障碍设计。

（4）地形处理

小游园地形处理应力求在空间竖向上有变化，在考虑土方基本平衡的原则下，结合自然地形做微地形处理，不宜堆砌大规模假山；或者根据功能分区设计出上升或下沉（图 5-2-44）、开放或封闭的地形，以营造出不同感受的园林空间。同时应尽量利用和保留原有自然地形和原有植物。

图 5-2-43　小游园入口　　　　　　　　　图 5-2-44　下沉式广场

（5）水体设计

为了满足居民的亲水情结，小游园中的水体设计可根据居住区的园林风格，确定水体的规划形式是规则式（图 5-2-45）还是自然式，结合一定的造景手法创造出"一峰山太华千寻，一勺水江湖万里"的效果。同时考虑水体循环问题，强化安全防护措施，水景的面积不宜超过绿地面积的 5%。

（6）植物配置

植物种类的选择既要统一基调，又要各具特色，做到多样统一，如图 5-2-46 所示。

图 5-2-45　小游园水体设计　　　　　　　图 5-2-46　小游园植物配置

注意季相变化和色彩搭配,选择观赏价值较高的植物种类,如开花乔灌木以及草花等,多采用乡土树种,避免选择有毒、带刺、易引起过敏的植物。

（7）园林建筑小品设计

小游园以植物造景为主,但也要适当布置园林建筑小品,如图5-2-47所示,既能丰富绿地内容,增加游憩趣味,又能使空间富于变化,起到点景的作用,为居民提供停留休息观赏之所。小游园面积小,又被住宅建筑所包围,因此园林建筑小品要有尺度感,总的说来宜小不宜大、宜精不宜粗、宜巧不宜拙,使之起到画龙点睛的作用。小游园的园林建筑及小品包括亭、廊、榭、棚架、水池、座凳、雕塑、果皮箱、宣传栏、园灯等。

（8）小游园道路及广场设计

小游园道路布局宜主次分明、导游明显。园路宽度以不小于2人并排行走的宽度为宜,最小宽度为0.8m,一般主路宽3m左右,次路宽1.5～2m。园路要随地形变化而起伏,随景观布局的需要而弯曲、转折,在转弯处布置树丛、小品、山石、花径等,增加沿路的趣味性,设置座椅处要局部加宽,还要有遮阴。当园路加宽到一定程度就成为广场,小游园中的广场的主要作用是集散人流、休息场地、活动场地等。一般小游园中的广场地面和主路采用硬质铺装,次路和支路可用虎皮石、卵石、冰裂纹等样式铺砌或设置踏石,如图5-2-48所示。

图 5-2-47　园林小品

图 5-2-48　小游园广场

（二）居住区组团绿地规划设计

居住区组团绿地是直接靠近住宅的公共绿地,通常是结合居住建筑组群布置,服务对象是组团内居民,主要为老人和儿童就近活动和休息的场所。有的小区不设中心游园,而以分散在各组团内的绿地、路网绿化、专用绿地等,形成小区绿地系统,也可采取集中与分散相结合,点、线、面相结合的原则,以住宅组团绿地为主,结合林阴道、防护绿带以及庭院和宅旁绿化构成一个完整的绿化系统,如图5-2-49所示。每个组团由6～8栋住宅组成,高层建筑可少一些,每个组团的中心有块约1300m²的绿地,形成开阔的内部绿化空间,创造了家家开窗能见绿,人人出门可踏青的富有生活情趣的生活居住环境。

1. 组团绿地的布置类型

（1）周边式住宅中间

位于建筑组群围合成的庭院式的组团中间,平面多呈规则几何形,绿地的一边或两边与组团道路相邻。这类组团绿地不易受行人、车辆的影响，环境安静，由于被住宅建筑围合，空间有较强的封闭感，如图 5-2-50 所示，可以获得较大面积的绿地，有利于居民从窗内看管在绿地玩耍的儿童。

布置方式可采用规则式或自然式的布局形式，不设专门的出入口，一般在冬季有充足的日照的绿地南部，靠近组团道路一侧布置活动场地，场地中布置花坛、艺术小品、小水景、石景等，在绿地西北部布置树丛，安排园椅等休息设施。

（2）行列式住宅绿地

这种组团绿地空间缺乏变化，比较单调。在行列式住宅布局中，扩大部分东西相对或错位的住宅建筑间的距离，在建筑山墙之间布局组团绿地，绿地至少有一侧毗邻小区的主干道或组团道路。适当增加

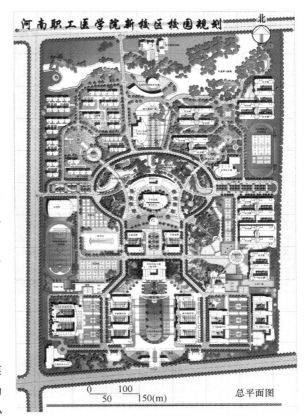

图 5-2-49 居住区组团绿地

山墙之间的距离，将其开辟为绿地，可以打破行列式布置的山墙间所形成的狭长胡同的感觉，如图 5-2-51 所示。

组团绿地与宅旁间绿地互相渗透，扩大了组团绿地的空间范围，可以将其与前后庭院绿地空间相互渗透，丰富空间变化。在山墙边有一定宽度的宅旁绿地中或组团绿地接近山墙处配植乔木树丛。在住宅建筑的山墙之间，灵活布置活动场地，如健身器材、小水景、座椅等。

图 5-2-50 周边式住宅中间绿地

图 5-2-51 行列式住宅绿地

（3）住宅组团一角

在不便于布置住宅建筑的角隅空地安排绿地（图5-2-52），能充分利用土地，但由于在一角，加长了服务半径。沿角隅绿地平面的长轴构成一定的景观序列，根据绿地长度和宽度布置数个各有特点、风格协调的活动场地，场地中配置花架、廊、花坛、宣传廊等，构成组团绿地空间范围的乔木树丛的配置，可结合组团绿地周边居住区道路绿化和住宅建筑前后的宅旁或宅间绿地的绿化布置。

图 5-2-52　住宅组团一角绿地　　　　图 5-2-53　临街布置绿地

（4）结合公共建筑

社区中心的组团绿地，一般面积较大，四周环境较为复杂，空间较为开敞，布局上一般使活动场地与社区中心紧密联系，使组团绿地同专用绿地连成一片，相互渗透，扩大绿化空间感。

（5）临街布置

位于临街或居住区主干道一侧，或位于居住区次干道交汇处一角，使绿化和建筑互相映衬，对于丰富街道或居住区主干道景观，减少住宅建筑受街道交通影响均十分有利，也成为行人休息之地，如图5-2-53所示。

一般采用规则式布局，绿地中临街一侧，常布置模纹花坛，靠近住宅建筑的一侧，应加强绿化屏障，减少街道交通废气和噪音对住宅环境的不利影响，并形成绿地朝向街道的绿化景观立面。

2. 组团绿地的布置方式

（1）开敞式：不以绿篱或栏杆与周围分隔，居民可以自由进入绿地内活动。

（2）半封闭式：用绿篱或栏杆与周围分隔，但留有若干出入口，允许居民进出。

（3）封闭式：绿地被绿篱、栏杆所围合，居民不能进入，主要以草坪和模纹花坛为主。

3. 组团绿地的设计要点

（1）出入口的位置和道路、广场的布置要与绿地周围的道路系统及人流方向结合起来考虑，以便捷为准，如图5-2-54所示。

（2）绿地内要有足够的铺装地面，如图5-2-55所示，既要方便居民休息活动，也要有利于绿地的清洁卫生。

（3）组团绿地要有特色。一个居住小区往往有多个组团绿地，这些组团绿地从布局、内容及植物布置上要各有特色。

图 5-2-54　组团绿地入口

图 5-2-55　绿地内有足够的铺装地面

（4）针对主要的使用人群，即老年人与儿童，分别设置安静休息区和游戏活动区。安静休息区设在远离道路的区域，周边通过植物围合以便形成安静的环境氛围。同时布置亭、花架、座椅等休息设施。安静休息区要布置一些防滑的铺装地面或草地，供老年人进行散步、打拳等健身活动时使用，并设置一些辅助性的设施，如栏杆、扶手等。

游戏活动区可分别设计幼儿和少儿活动场，供儿童进行游戏和体育活动，如图 5-2-56 所示。该区的园林建筑小品要考虑尺度设计，符合儿童的使用要求，颜色要明亮，造型要新颖。地面铺装以草坪或海绵塑胶及沙地为主。同时场地周边必须种植冠大荫浓的乔木，解决儿童和家长的遮阳问题，并且要有相应的休息设施。

（5）充分利用植物的形体、色彩、体量、质感等观赏特性，进行各种乔灌木、藤本植物、宿根花卉与草本植物的生态构筑，如图 5-2-57 所示，使居民能在美好舒适的绿化环境中进行各种户外活动。

图 5-2-56　儿童活动场地

图 5-2-57　组团绿地植物景观

组团绿地中不同活动内容应有不同的绿化形式，如晨练、遛鸟、下棋等休息活动处，种植庇荫效果好的落叶乔木，保证有遮阴和足够的活动空间；交谈、赏景、阅读等安静活动处，种植一些树形优美，花香、色彩宜人的树木及时令花卉，为居民提供优美的园林环境；在儿童活动区，选择色彩明快、耐踩踏、抗折压、无毒无刺的树木花草为宜；在散步区，以季相变化明显的自然植被，乔、灌、花、草复层种植形式为佳，有利于人们心情的放松。

（三）宅旁绿地设计

宅旁绿地不像公共绿地那样具有较强的娱乐、游赏功能，但却与居民的日常生活起居息息相关。宅旁绿地使现代住宅单元楼的封闭隔离感得到较大程度的缓解，使以家庭为单位的私密空间和以宅间绿地为纽带的社会交往活动得到了统一与协调。它不但影响小区居民的生活，同时也关系到小区绿地系统整体效益的发挥。

1. 宅旁绿地的类型

（1）树林型：以高大乔木为主，密植或疏植，大多数为开放式绿地，居民树下的活动面积大，对改善小气候有良好的作用，如图 5-2-58 所示。但缺乏灌木和花草的搭配，比较单调。同时应注意乔木与住宅墙面的距离在 8m 以外，以免影响室内通风采光。

（2）游园型：在宅间或宅前以绿篱或栏杆围出一定的范围，布置花草树木和园林设施；色彩层次较为丰富，有一定私密性，为居民提供游憩场地；可布置成规则式或自然式，有时形成封闭式花园，有时形成开放式花园，如图 5-2-59 所示。

图 5-2-58　树林型宅旁绿地　　　　　　图 5-2-59　游园型宅旁绿地

（3）草坪型：以草坪绿化为主（图 5-2-60），在草坪边缘适当种植一些乔木或花灌木、草花之类植物进行镶边。这种形式多见于高级独院式住宅，有时也用于多层或高层住宅。

（4）棚架型：以棚架绿化为主，多采用紫藤、凌霄、炮仗花、牵牛花等观赏价值较高的攀缘植物，也可结合生产，选用一些瓜果或药用攀缘植物，如葡萄、五味子等。

（5）植篱型：在住宅前后用常绿或观花、观果、带刺的植物组成绿篱、花篱、果篱、刺篱，分隔或围合宅间绿地，篱内设置草坪或少量乔灌木，如图 5-2-61 所示。

（6）庭院型：在绿化的基础上，适当设置园林小品，如花架、山石、喷泉等，形成自然幽静的居住环境。

（7）园艺型：根据居民的喜好，在庭院绿地中种植果树、蔬菜，既能绿化环境，又能生产果品蔬菜，使居民享受田园之乐。

2. 宅旁绿地的特点

（1）贴近居民，领域感强

宅旁绿地是送到家门口的绿地，其与居民各种生活息息相关，具有通达性和实用观赏性。宅旁绿地属于"半私有"性质，常为相邻的住宅居民所享用。因此，居住小区公共绿地要求统一规划、统一管理，而宅旁绿地则可以由住户自己管理，实行自由的绿化形式，而不必推行同一种模式。

图 5-2-60　草坪型宅旁绿地　　　　　　　图 5-2-61　植篱型宅旁绿地

（2）绿化为主，形式多样

宅旁绿地通常面积较小，多以绿化为主，配以相应的设施小品。宅旁绿地较之小区公共集中绿地，面积较小但分布广泛，且由于住宅建筑的高度和排列的不同，形成了宅间空间的多变性，绿地因地制宜也就形成了丰富多样的宅旁绿化形式。

（3）以老人、儿童为主要服务对象

宅旁绿地的最主要使用对象是学龄前儿童和老年人，老人、儿童是宅旁绿地中游憩活动时间最长的人群，满足这些特殊人群的游憩要求是宅旁绿地绿化景观设计首先要解决的问题，绿化应结合老人和儿童的心理和生理特点来配置植物，合理组织各种活动空间、季相构图景观，保证良好的光照和空气流通。

3. 宅旁绿地的设计要点

（1）入口处理

连接入口的通道，可设置成台阶式、平台式和连廊式绿化形式，让居民一路由绿色、花香送到家门口，如图 5-2-62 所示。但要注意不要栽种有飞毛、落果和有刺的植物，以免伤害出入的居民，特别是儿童。

（2）墙角及基础绿化

可通过花台、花境、花坛、花带、绿篱、对植、列植、墙附等多种植物景观形式，进行建筑的墙角及基础绿化（图 5-2-63）、墙面的垂直绿化、建筑入口的重点绿化等，可美化建筑构图，充分利用空间，增加空间绿化量，表现相应环境主题。

图 5-2-62　宅旁绿地入口处理　　　　　　图 5-2-63　宅旁绿地基础栽植

（3）丰富绿化内容，避免景色单调

整个居住小区宅旁绿地的树种应该丰富多样，如图 5-2-64 所示，树种选择要在基调统一的前提下，不同的宅旁绿地应各具特色，季相变化突出，成为识别楼体区分的标志。

（4）住宅建筑物周围的绿化

建筑物南侧，应配置落叶乔木，且距离窗户 8m 以外，窗前设置基础栽植，如图 5-2-65 所示；建筑物北面，可能终年没有阳光直射，因此应尽量选用耐阴观叶植物，若面积较大，可种植常绿乔灌木，抵御冬季西北寒风的侵袭；在建筑物东、西两侧，可栽植落叶大乔木或利用攀缘植物进行垂直绿化，以有效防止夏季西晒和冬季防风；在高层住宅的迎风面及风口应选择深根性树种。

图 5-2-64　绿化树种应丰富　　　　　图 5-2-65　建筑南侧栽植

（5）符合生态要求，满足生活需求

住宅周围因建筑物的遮挡而造成的阴影区，树种选择要注意耐阴性，保证阴影区域的植物生长态势和绿化效果。结合宅旁绿地空间狭小的特点，合理应用攀缘植物，进行垂直绿化。住宅建筑南向窗前，以低矮灌木和枝叶疏朗的落叶中小乔木为宜，满足低层住宅对通风采光及观赏效果的要求。

（6）养护管理方便，植物抗逆性强

宅旁绿地分布着高密度管网，同时游人活动频繁，通常养护管理水平比中心游园等小区公共集中绿地要低。因此，植物应选择当地生长健壮、抗性较强、适宜粗放管理的优良树种，以减少后期养护管理成本。

4. 绿化设计与空间组织

宅旁绿地绿化空间的设计与游憩赏景条件关系密切。因此，宅旁绿地设计要注意通过绿化创造各种空间环境。绿化空间的组织要满足居民在绿地中活动时的感受和需求。植物造景可利用乔木、灌木、地被等植物的高低、大小、疏密等的不同，形成开敞、封闭、半开敞等不同的视景空间，为居民的公共及私密活动创造宜人的环境氛围。

（四）居住区道路绿地规划设计

居住区道路绿地对整个居住区的绿地起到连接、导向、分割、围合等作用，使各级绿地形成一个整体，如图 5-2-66 所示。居住区道路绿地具有通风、改善小气候、减噪、遮阴、增加居住区绿地面积、景观与游览路线的组织等作用。根据居住区的规模和功能要求，居住区道路可分为居住区级道路、小区级道路、组团级道路及宅前小路四级，道路绿化要和各级道路的功能相结合。

1. 居住区级道路

居住区级道路为居住区的主要道路，是联系居住区内外的通道，除人行外，车行也比较频繁，车行道宽度一般为 9m 左右，如图 5-2-67 所示，如通行公共交通时，宽10～14m，红线宽度不小于 20m。由于道路较宽且行人多，容易发生交通事故，必须重视交叉口及转弯处的安全三角形问题，在此三角形内不能选用体形高大的乔木，只能用不超过 0.7m 高的灌木、花卉与草坪等，保证行车安全。

图 5-2-66　居住区道路绿地　　　　　　　　图 5-2-67　居住区级道路

主干道两侧的行道树可选用体态雄伟、树冠宽阔的乔木，可营造出绿树成荫的景观。乔木的分枝点高度要在 2.5m 以上，距车行道近的可定为 3m 以上。绿化设计要依据声波的传播和风向等因素，在人行道和居住建筑之间，可多行列植或丛植乔灌木，以草坪、灌木、乔木形成多层次复合结构的带状绿地，起到防尘、隔音的效果。

2. 小区级道路

小区级道路是联系居住区各组成部分的道路，一般路宽 3～5m，是组织和联系小区各绿地的纽带，以人行为主，是居民散步之地，如图 5-2-68 所示。树木配置要灵活多样，多选小乔木及开花灌木，特别是一些开花繁密、叶色变化的树种，如合欢、樱花、五角枫、茶条槭、红叶李、栾树等。小区道路同一路段应有统一的绿化形式，但是不同路段的绿化形式应有所变化。每条路可选择不同的树种，不同断面的种植形式，使每条道路都有特色。在一条路上以一两种花木为主体，形成合欢路、紫薇路、丁香路等。次干道可以设计成隐蔽式车道，车道内种植不妨碍车辆通行的草坪花卉，铺设人行道，平日作为绿地使用，应急时可供特殊车辆使用，有效地弱化了单纯车道的生硬感，提高了景观观赏效果。

3. 组团级道路

一般以通行搬家或急救车辆、自行车、人行为主，绿化与建筑的关系较为密切，一般路宽 2～3m，绿化多采用开花灌木（图 5-2-69），但其绿化布置仍要考虑交通要求，当车道为尽端式道路时，绿化还需与回车场地结合，使自然空间自然优美。

4. 宅前小路

宅前小路是通向各住宅户或各单元入口的道路，宽 2.5m 左右，只供人行，如图 5-2-70 所示。绿化布置要退后 0.5～1m，以便必要时急救车和搬运车驶进住宅，居住区内必须布置消防通道，容消防车顺利通达每座建筑，高层建筑要求四面都可通达，要求通道的净空高度 4m 以上，低层建筑通道宽度可缩小到 3.5m。

图 5-2-68　小区级道路

图 5-2-69　组团级道路

道路绿地设计时，小路交叉路口有时可适当放宽，与休息场地结合布置，形成小景点，也显得灵活多样，丰富道路景观，如图 5-2-71 所示。主路两旁的行道树不应与城市道路的树种相同，要体现居住区的植物特色，设计要灵活自然，与两侧的建筑物、各种设施相结合，高低错落，富有变化，还要加强识别性，做到路从景出，景随路生。行列式住宅的各条小路，从树种选择到配置方式都要多样化，形成不同景观，也便于识别家门。

图 5-2-70　宅前小路

图 5-2-71　居住区道路绿地设计

（五）居住区专用绿地规划设计

居住区专用绿地是指居住区内一些带有院落或场地的公共建筑、公共设施的绿地，主要包括医疗卫生、文化体育、商业、饮食、服务、教育、行政管理以及其他公建。虽然这些机构的绿地由本单位使用、管理，但是其绿化除了按本单位的功能和特点进行布置外，同时也是居住区绿化的重要组成部分，其绿化应结合周围环境的要求加以考虑。

专用绿地的设计要点如下：

（1）满足各公共建筑和公用设施的功能要求；

（2）结合周围环境的要求布置，公共建筑与住宅间多用植物造景构成浓密的绿色屏障，以保持居住区的安静；

（3）与整个居住区的绿地综合起来考虑，使之成为有机的整体。

【思考与练习】

1. 别墅庭院可以分为哪几个区？

2. 别墅庭院的各组成要素怎样设计？

3. 居住区绿地由哪几部分组成？

4. 居住区绿地有哪些指标？

5. 居住区公园怎样设计？

6. 居住区组团绿地怎样设计？

7. 宅旁绿地怎样设计？

技能训练

技能训练一　别墅庭院绿化

一、实训目的

熟悉别墅庭院绿化的设计原则，熟练掌握别墅庭院的设计方法，合理有效地完成别墅庭院的设计。

二、内容与要求

完成某方案的别墅庭院绿化设计，结合周围环境景观特征，确定主体风格并进行绿地设计，科学设计别墅庭院绿化形式，充分发挥其景观功能，使设计科学美观（图 5-2-72 仅供参考）。

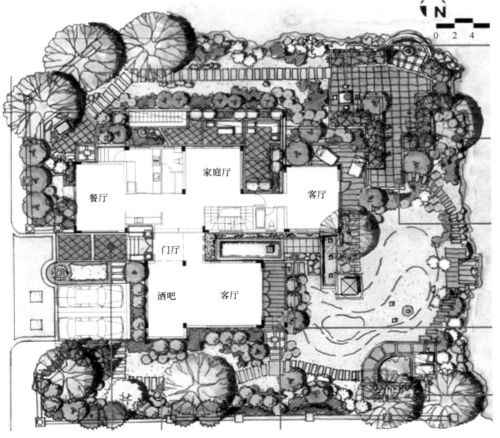

图 5-2-72　别墅庭院绿化平面图

三、方法步骤

1. 根据别墅庭院环境特点进行绿化，制定合理美观的设计方案。

2. 合理进行绿化布局，合理选择绿化树种并设计出植物配置方案。

3. 绘制该别墅庭院的平面图。

技能训练二 居住区绿地设计

一、实训目的

熟悉居住区的组成和设计原则，熟练掌握居住区绿地的设计方法，合理有效地完成居住区绿地的设计。

二、内容与要求

完成某方案的居住区绿化设计，结合周围环境景观特征，确定主题风格并进行绿地设计，科学设计居住区绿化形式，充分发挥其景观功能，使设计科学美观（图 5-2-73 仅供参考）。

三、方法步骤

1. 根据居住区环境特点进行绿化，制定合理美观的设计方案。

2. 合理进行绿化布局，合理选择绿化树种并设计出植物配置方案。

3. 绘制该居住区绿地的平面图。

加州花园住宅小区景观设计

图 5-2-73 居住区绿地平面图

项目六 单位附属绿地规划设计

【内容提要】

单位附属绿地指在某一单位或部门内，由该部门或单位投资、建设、管理和使用的绿地。单位附属绿地的服务对象主要是本单位的员工，一般不对外开放，因此单位附属绿地也称为专用绿地。常见的单位附属绿地主要包括机关团体、部队、学校、医院、工厂等单位内部的附属绿地。这些绿地在丰富人们的工作、生活，改善城市生态环境等方面起着重要的作用。本项目就工厂绿地设计、校园绿地设计和机关单位绿地设计三个任务进行阐述，通过本项目的学习，使同学们掌握各类单位附属绿地的设计方法，为以后进行园林设计岗位的工作奠定基础。

任务一 工厂（企业）绿地设计

【知识点】

了解工厂绿化的基本原则和要求。

掌握工厂各分区绿化的设计要点。

【技能点】

能够根据工厂特点设计合理的工厂绿地方案。

能够合理统筹各分区绿地，形成完整绿地系统。

相关知识

工厂（企业）是从事社会物质生产的部门，是人类物质文明的主要创造者之一，一个标准的现代工厂（企业），不仅是应该拥有最现代化的生产设备和先进的管理手段，同时也应该为职工提供一个文明优美的生产和生活环境。在众多的工厂企业中，有相当一些企业的生产会对环境造成一定的污染或不良影响，更有许多企业本身就要求有一个洁净的生产环境，以保证产品的质量。工厂企业绿化不仅具有调节气候、美化环境、减少污染、净化空气和降低噪声等功能，还有利于职工放松神经，消除疲劳，提高工作效率。因此工厂企业绿化对社会对企业本身都有着十分重要的意义，如图6-1-1所示。

一、工厂（企业）绿地的功能

1. 保护生态环境，保障职工健康

具体表现为：①调节改善小气候；②吸收CO_2，放出O_2；③吸收有害气体；④吸收放射性物质；⑤吸滞烟尘和粉尘；⑥减弱噪声；⑦监测环境污染（主要是指在工厂种植一些对污染物质比较敏感的"信号植物"，实现对环境的监测作用）。

2. 美化环境，树立企业形象

工厂（企业）绿化在一定程度上代表着工厂的形象，体现工厂的面貌，是职工上下班集散的场所，是给宾客参观创造第一印象之处，因此，合理的绿地规划能美化环境，提高工厂（企业）的品位，树立良好的企业形象，如图6-1-2所示。

图6-1-1　工厂绿地

图6-1-2　良好的绿地能树立企业形象

3. 改善工作环境

国外的研究资料表明：优美的厂区环境可以使生产率提高15%～20%，使工伤事故率下降40%～50%。

4. 创造经济效益

工厂绿化可以创造物质财富，产生直接和间接的经济效益。在进行工厂企业绿化设计时，应尽可能地注意将环境效应与工厂园林绿化的经济效益相结合。

二、工厂（企业）绿地的特点

1. 环境恶劣，不利于植物生长

工厂（企业）在生产过程中常常排放、溢出各种有害人体健康和植物生长的气体、粉尘、烟尘和其他物质，使空气、水、土壤受到不同程度的污染，虽然人们采取各种环

保措施进行治理，但是由于经济条件、科学技术和管理水平的限制，污染还不能完全被杜绝，如图 6-1-3 所示。加上工程建设以及生产过程中的一些行为，会使土壤结构、化学性能和肥力都变得很差，这些对植物的生长发育都是不利的，因此应根据不同工厂（企业）类型选择适应性强、抗性强、能耐恶劣环境的植物进行绿化，并进行合理的管理。

　　2. 用地紧凑，绿化用地面积小

　　工厂（企业）内建筑密度大，道路、管线及各种设施纵横交错，绿化用地就更为紧张（图 6-1-4），因此，工厂（企业）绿化要见缝插针，灵活运用各种绿化手法，如垂直绿化、屋顶花园等。

图 6-1-3　工厂环境恶劣

图 6-1-4　工厂用地紧凑

　　3. 要把保证生产安全放在首位

　　工厂（企业）的中心任务是发展生产，而发展生产的首要前提就是安全生产，因此绿化要有利于生产的正常运行，有利于产品质量的提高，有利于生产的安全进行。

　　4. 服务对象主要以本厂职工为主

　　工厂（企业）绿地的服务对象是本厂职工，因此，工厂（企业）绿化必须有利于职工工作、休息和身心的健康，有利于创造优美的环境。在设计之前必须详细了解职工工作的特点，在设计中处处体现为职工服务、为生产服务，"以职工为本"的设计思想。

三、工厂（企业）绿化的设计原则

　　1. 满足生产和环境保护的要求

　　工厂（企业）绿化应根据工厂（企业）的性质、规模、生产和使用特点、环境条件对绿化的不同功能要求进行设计。在设计中不能因绿化而任意延长生产流程和交通运输路线，影响生产的合理性，如图 6-1-5 所示。

　　只有从生产的工艺流程出发，根据环境的特点，明确绿地的主要功能，确定适合的绿化方式、方法，合理地进行规划，科举地进行布局，才能达到预期的绿化效果。

　　2. 应充分体现各自的特色和风格

　　工厂（企业）绿化是以厂内建筑为主体的环境净化、绿化和美化，绿化设计时要体现本厂绿化的特色和风格，充分发挥绿化的整体效果，以植物与工厂特有的建筑的形态、体量、色彩相衬托、对比、协调，形成别具一格的工业景观（远观）和独特优美的厂区环境（近观），如图 6-1-6 所示。

同时，工厂（企业）绿化还应根据本企业实际，在植物的选择配置、绿地的形式和内容、布置风格和意境等方面，体现出厂区宽敞明亮、洁净清新、整齐一律、宏伟壮观、简洁明快的时代气息和精神风貌。

图 6-1-5　工厂绿化要满足生产的需要

图 6-1-6　工厂绿化要有特色

3. 合理布局，形成系统

工厂（企业）绿化要纳入厂区主体规划中，在工厂（企业）建筑、道路、管线等总体布局时，要把绿化结合进去，做到全面规划、合理布局，形成点、线、面相结合的厂区园林绿地系统（图 6-1-7）。点的绿化是厂前区和游憩性游园，线的绿化指的是厂内道路及防护林带，面指的是车间、仓库等生产性建筑、场地的周边绿化，从厂前区到生产区，从作业场到库房堆场，到处是绿树、青草、鲜花、充分发挥绿地的卫生防护美化环境的作用，使工厂（企业）掩映于绿茵之中。

4. 增加绿地面积，提高绿地率

工厂（企业）绿地面积较少，直接影响到工厂（企业）绿化的功能景观，因此要多种途径，多种形式地增加绿地面积，以提高绿地率、绿视率，如图 6-1-8 所示。要搞好厂区绿化，必须根据工厂的建筑布局和土地的利用情况做出规划，采用点、线、面相结合的方法构成一个完整的绿化系统。

图 6-1-7　工厂绿地应合理布局

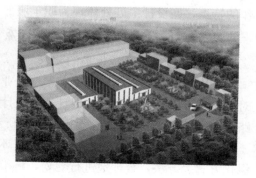

图 6-1-8　提高工厂绿地率

四、工厂（企业）各分区绿化设计要点

1. 厂前区绿地设计

厂前区是工厂对外联系的中心，与城市道路相邻，代表工厂形象，体现工厂面貌，

也是工厂文明生产的象征，其环境好坏直接影响到城市的面貌，如图 6-1-9 所示。

（1）厂前区绿地一般应采用规则式或混合式。要考虑到企业大门口的交通、门前广场大小以及门庭建筑造型等情况，既要方便车辆和职工上下班通行，又要同建筑造型相协调，还要保证绿化的质量和档次。可依据具体情况，在门前门内广场中间或门外两侧设立规则形状的花坛、花台。绿地设置应与广场、道路、周围建筑及有关设施（光荣榜、画廊、阅报栏、黑板报、宣传牌等）相协调，一般多采用规则式或混合式，如图 6-1-10 所示。广场周边、道路两侧的行道树，选用冠大荫浓、耐修剪、生长快的乔木或树姿优美、高大雄伟的常绿乔木，形成外围景观或林荫道。花坛、草坪及建筑周围的基础绿带或用修剪整齐的常绿绿篱围边，点缀色彩鲜艳的花灌木、宿根花卉，或植草坪，用色叶灌木形成模纹图案。

图 6-1-9　厂前区绿地

图 6-1-10　厂前区广场绿地

（2）厂前区的绿化要美观、整齐、大方、开朗明快，给人以深刻印象，还要方便车辆通行和人流集散。绿化布置应种植观赏价值较高耐修剪的常绿树，也可布置色彩绚丽的月季、紫薇等花灌木。

（3）入口处的布置要富于装饰性和观赏性，并注意入口景观的引导性和标志，以起到强调入口空间的作用（图 6-1-11）。建筑周围的绿化还要处理好空间艺术效果、通风采光、各种管线的关系。

（4）如果用地宽余，厂前绿化还可与小游园的布置相结合，如图 6-1-12 所示，设置水池、园路小径，放置园灯、凳椅，栽植观赏花木和草坪，绿化氛围浓厚，形成恬静、清洁、舒适、优美的环境，为职工工余班后休息、散步、交往、娱乐提供场所，也体现了厂区面貌，成为城市景观的有机组成部分。

图 6-1-11　厂前区入口处绿化

图 6-1-12　厂前区小游园

（5）企业周边围墙绿化设计（图6-1-13），既要考虑到其功能作用，又要注意卫生和防火等因素。周边绿化，一般以行带状布置于围墙内外。树种的选择、绿化带宽度的确定，要注意到企业生产性质和企业外围环境对企业的影响。

2．生产区绿地设计

生产区是企业的主体，也是职工工作和生产的地方，其车间周围的绿化对净化空气，消声减噪，调节神经和清洁工作环境，保证产品质量均有重要作用。工厂在生产过程中会或多或少地产生污染，生产区是工厂相对集中的污染源，存在污染严重的问题，应防止和减轻车间污染物对周围环境的影响和危害，满足车间生产安全、检修、运输等方面对环境的要求，为工人提供良好的短暂休息用地，如图6-1-14所示。

图6-1-13 厂前区围墙绿化　　　　　　图6-1-14 生产车间周围绿化

（1）生产区绿化设计应注意的问题

①了解生产车间职工生产劳动的特点。

②了解职工对园林绿化布局、形式以及观赏植物的喜好。

③将车间出入口作为重点美化地段。

④注意车间对通风、采光以及环境的要求。

⑤注意合理地选择绿化树种，特别是在有污染的车间附近。

⑥绿化设计要满足生产运输、安全、维修等方面的要求。

⑦处理好植物与各种管线的关系。

⑧绿化设计要考虑四季的景观效果与季相变化。

（2）生产区绿地设计

生产车间周围的绿化要根据车间生产特点及其对环境的要求进行设计，为车间创造生产所需要的环境条件，防止和减轻车间污染物对周围环境的影响和危害，满足车间生产安全、检修、运输等方面对环境的要求，为工人提供良好的短暂休息用地，如图6-1-15所示。

一般情况下，车间周围的绿地设计，首先，要考虑有利于生产和室内通风采光，距车间6～8m内不宜栽植高大乔木，如图6-1-16所示。其次，要把车间出、入口两侧绿地作为重点绿化美化地段，在车间入口，布置一些花坛或花台，选择花色鲜艳、姿态优美的花木进行绿化。在车间旁侧或车间之间大一点的空地上，可建一些绿廊、绿亭和微型小游园，供工人们休息之用。

应选择抗性较强的树种，在布局上要充分利用各车间之间的空隙，见缝插针，绿地能大则大，宜小则小，要注意整体防护和改善小气候功能。各类车间生产性质不同，对环境要求也不同，必须根据车间具体情况因地制宜地进行绿化设计。

图 6-1-15　生产区绿地设计

图 6-1-16　车间绿化不能影响生产活动

①有污染车间周围的绿化

这类车间在生产的过程中会对周围环境产生不良影响和严重污染，如散发有害气体、烟尘、粉尘、噪声等。在设计时应该首先了解车间的污染物成分以及污染程度，有针对性地进行设计。植物种植形式宜采用开阔草坪、地被、疏林等，以利于通风、及时疏散有害气体。在污染严重的车间周围不宜设置休息绿地，应选择抗性强的树种，并在与主导风向平行的方向上留出通风道，应选择枝叶茂密、分枝点低的灌木，并多层密植形成隔音带，如图 6-1-17 所示。

②无污染车间周围的绿化

这类车间周围的绿化与一般建筑周围的绿化一样，只需考虑通风、采光的要求，并妥善处理好植物与各类管线的关系即可，如图 6-1-18 所示。

图 6-1-17　有污染生产区的绿化

图 6-1-18　无污染生产区的绿化

③对环境有特殊要求的车间周围的绿化

对于类似精密仪器车间、食品车间、医药卫生车间、易燃易爆车间、暗室作业车间等这些对环境有特殊要求的车间，在设计时应特别注意，密植植物，增加空气湿度，减少空气中的粉尘和颗粒，提高车间周围环境的卫生。

3. 仓库、堆物场绿地设计

仓库区的绿化设计，要考虑消防、交通运输和装卸方便等要求，选用防火树种，禁用易燃树种，疏植高大乔木，间距7～10m，绿化布置宜简洁，如图6-1-19所示。在仓库周围留出5～7m宽的消防通道。尽量选择病虫害少、树干通直、分枝点高的树种。

露天堆物场绿化，在不影响物品堆放、车辆进出、装卸的条件下，周边栽植高大、防火、隔尘效果好的落叶阔叶树，以利于夏季工人遮阳休息，外围加以隔离。装有易燃物的贮罐，周围应以草坪为主，防护堤内不种植物。

4. 厂内道路绿化

厂区道路是连接内外交通的纽带，同时也是工厂生产组织、工艺流程、原材料及成品运输、企业管理、生活服务的重要通道，是厂区的动脉，如图6-1-20所示。厂内道路职工上下班时人流集中，车辆来往频繁，地下管线交叉，这都给绿化带来了一定的困难。

图6-1-19　仓库绿化

图6-1-20　厂内道路绿化

绿化设计时，要充分了解这些情况，选择生长健壮、适应性强、抗性强、耐修剪、树冠整齐、遮阳效果好的乔木做行道树，以满足遮阳、防尘、降低噪声、交通运输安全及美观等要求，如图6-1-21所示。

道路绿化通常采取在道路两侧人行道上种植高大稠密的乔木，形成行列式的林荫道，当道路较窄时，可采取交错排列种植，或在道路一侧种植，以获得遮阳效果，在交叉口及转弯处应留出足够的安全视距，如图6-1-22所示。从道路绿化功能考虑，在车行道与人行道之间可配置绿化带，绿化带采取落叶大乔木与灌木相结合种植，可获良好效果，既可防尘、防噪、遮阴，又可分隔人流与车流，还利于冬季车间的采光。对于功能上、美观上要求高的主干道，还可在道路中间增设绿化带，形成花园式林荫道，在山地，则应结合地形布置道路绿化。

图6-1-21　工厂道路绿化

图6-1-22　厂内道路交叉口绿化

5. 工厂小游园设计

根据各厂的具体情况和特点，在工厂企业内因地制宜地开辟建设小游园，运用园林艺术手法，布置假山、建筑小品、广场、水池、园路，栽植花草树木，组成优美的环境，既美化了厂容厂貌，又是厂内职工开展业余文化体育娱乐活动的良好场所，有利于职工工余休息、谈心、观赏、消除疲劳，深受广大职工欢迎，如图 6-1-23 所示。

（1）结合厂前区布置

厂前区是职工上下班的必经场所，也是来宾首到之处，又临近城市街道，因此，小游园结合厂前区布置既方便职工游憩，也美化了厂前区的面貌和街道侧旁景观。可以结合本厂特点，设置标志性的雕塑和建筑小品，与工厂建筑物等相协调，形成不同于城市公园、街道、居住区小游园的格调。

（2）结合厂内自然地形布置

工厂内若有自然起伏的地形或者天然池塘、河道等水体，则是布置游园的好地方，既可丰富游园的景观，又增加了休息活动的内容，也改善了厂内水体的环境质量，可谓一举多得。

（3）车间附近布置

车间附近是工人工余休息最便捷之处，根据本车间工人的爱好，布置成各有特色的小游园，结合厂区道路和车间出入口，创造优美的园林景观，使职工在花园化的工厂中工作和休息，如图 6-1-24 所示。

图 6-1-23　工厂小游园　　　　　　　　　图 6-1-24　车间附近小游园

游园若与工会、俱乐部、阅览室、食堂、人防工程相结合布置，则能更好地发挥各自的作用。游园的布局形式可分为规则式、自然式和混合式，应根据其所在位置、功能、性质、场地形状、地势及职工爱好，因地制宜，灵活布置，不拘形式，并与周围环境相协调。

根据游园规模大小，结合厂区道路、车间入口，可设置若干个出入口和园路相连，并在绿地中结合园路、出入口设置休息、集散广场。根据游园的大小和经济条件，可适当设置一些建筑小品，如亭廊花架、宣传栏、雕塑、园灯、座椅、水池、喷泉、假山、置石、厕所及管理用房等服务设施。

五、工厂（企业）绿化树种选择

（一）工厂（企业）绿化树种选择的原则

1. 适地适树

适地适树就是对工厂内的绿地环境条件，包括光照、温度、湿度等气候条件，以及土层厚度、土壤结构和土壤的 pH 值等，有清晰的认识和了解，也要对各种园林植物的生物学和生态学特征了如指掌，使环境适合植物生长，也使植物能适应栽植地环境。除了优先考虑乡土植物外，可以通过引种驯化或改变环境等手段创造适宜植物生长的条件。沿海的工厂选择的绿化树种要有抗盐、耐潮、抗风、抗飞沙等特性。土壤瘠薄的地方，要选择能耐瘠薄又能改良土壤创造良好条件的树种。

2. 选择抗污能力强的植物

由于多数工厂在生产过程中都或多或少地产生有害物质，因而工厂区的空气、水、土壤等条件常比其他地区差，同时工厂区地上地下管线多，影响植物的正常生长，所以选择具有适应不良环境条件的植物十分重要。因此，绿化时要在调查研究和测定的基础上，选择抗污能力强、净化能力强的植物，尽快取得良好的绿化效果，避免失败和浪费，发挥工厂绿地改善和保护环境的功能。

3. 绿化要满足生产工艺的要求

不同工厂、车间、仓库、料场，其生产工艺流程和产品质量对环境的要求也不同，如空气洁净程度、防火、防爆等要求。因此，选择绿化植物时，要充分了解和考虑这些对环境条件的限制因素。

4. 易于繁殖，便于管理

工厂绿化管理人员有限，为省工节支，应选择繁殖、栽培容易和管理粗放的树种，尤其要注意选择乡土树种。为了装饰美化厂容，还要选择那些繁衍能力强的多年生宿根花卉以及开花乔灌木。

（二）工厂绿化常用树种

1. 抗二氧化硫树种

抗性强的树种有大叶黄杨、雀舌黄杨、瓜子黄杨、山茶、海桐、蚊母、女贞、小叶女贞、夹竹桃、枸骨、凤尾兰、枇杷、金橘、构树、侧柏、无花果、白蜡树、木麻黄、十大功劳、银杏、广玉兰、柽柳、梧桐、重阳木、合欢、刺槐、槐树、紫穗槐、黄杨等。

抗性较强的树种有云杉、杜松、华山松、白皮松、罗汉松、石榴、龙柏、桧柏、侧柏、月桂、冬青、珊瑚树、柳杉、栀子花、臭椿、桑树、楝树、白榆、朴树、腊梅、毛白杨、丁香、卫矛、丝棉木、木槿、丝兰、桃树、枫杨、含笑、杜仲、七叶树、八角金盘、花柏、粗榧、板栗、无患子、地锦、泡桐、槐树、银杏、刺槐、连翘、金银木、紫荆、柿树、垂柳、枫香、加杨、旱柳、紫薇、乌桕、杏树等。

反应敏感的树种有苹果、梨、白桦、毛樱桃、郁李、悬铃木、雪松、马尾松、云南松、贴梗海棠、油梨、梅花、月季等。

2. 抗氯气树种

抗性强的树种有龙柏、侧柏、山茶、大叶黄杨、海桐、蚊母、女贞、夹竹桃、凤尾兰、棕榈、构树、皂荚、槐树、木槿、紫藤、无花果、樱花、枸骨、臭椿、榕树、小叶女贞、丝兰、广玉兰、柽柳、合欢、黄杨、白榆、红棉木、沙枣、椿树、白蜡树、杜仲、桑树、柳树、枸杞等。

抗性较强的树种有桧柏、珊瑚树、樟、栀子花、石榴、青桐、楝树、朴树、板栗、无花果、罗汉松、桂花、紫荆、紫穗槐、乌桕、悬铃木、水杉、银杏、柽柳、丁香、刺槐、铅笔柏、毛白杨、石楠、榉树、白榆、细叶榕、枇杷、瓜子黄杨、山桃、泡桐、云杉、柳杉、太平花、梧桐、重阳木、小叶榕、木麻黄、杜松、旱柳、小叶女贞、卫矛、接骨木、地锦、君迁子、月桂等。

反应敏感的有池柏、薄壳山核桃、枫杨、木棉、樟子松、赤杨等。

3. 抗氟化氢树种

抗性强的树种有大叶黄杨、海桐、蚊母、山茶、凤尾兰、瓜子黄杨、龙柏、构树、侧柏、皂荚、槐树、朴树、石榴、桑树、丝棉木、青冈栎、柽柳、黄杨、木麻黄、白榆、夹竹桃、棕榈、杜仲、厚皮香等。

抗性较强的树种有桧柏、女贞、白玉兰、珊瑚树、无花果、垂柳、榆树、桂花、樟树、青桐、云杉、木槿、楝树、臭椿、刺槐、合欢、杜松、白皮松、柳、山楂、胡颓子、楠木、紫茉莉、白蜡树、广玉兰、榕树、丝兰、太平花、银桦、梧桐、乌桕、小叶朴、泡桐、小叶女贞、油茶、含笑、紫薇、地锦、柿树、山楂、月季、丁香、樱花、凹叶厚朴、银杏、天目琼花、金银花等。

反应敏感的树种有葡萄、杏、梅、山桃、榆叶梅、金丝桃、池柏等。

4. 抗乙烯树种

抗性强的树种有夹竹桃、悬铃木、棕榈、凤尾兰等。

抗性较强的树种有黑松、女贞、榆树、枫杨、柳树、重阳木、乌桕、红叶李、香樟、罗汉松、白蜡树等。

反应敏感的树种有月季、十姐妹、大叶黄杨、玉兰、苦栎、刺槐、臭椿、合欢等。

5. 抗氨气树种

抗性强的树种有女贞、樟树、丝棉木、腊梅、柳杉、银杏、紫荆、石榴、杉木、石楠、朴树、无花果、皂荚、木槿、紫薇、玉兰、广玉兰等。

反应敏感的树种有紫藤、小叶女贞、杨树、悬铃木、薄壳山核桃、枫杨、杜仲、珊瑚树、芙蓉、栎树、刺槐等。

6. 抗二氧化氮树种

龙柏、黑松、夹竹桃、大叶黄杨、棕榈、女贞、樟树、构树、广玉兰、臭椿、栎树、合欢、无花果、桑树、枫杨、刺槐、旱柳、丝棉木、乌桕、石榴、酸枣、糙叶树、垂柳、泡桐等。

7. 抗臭氧树种

枇杷、悬铃木、枫杨、刺槐、银杏、柳杉、日本扁柏、黑松、樟树、连翘、八仙花、青冈、日本女贞、夹竹桃、海州常山、冬青等。

8. 抗烟尘树种

香榧、粗榧、樟树、黄杨、女贞、青冈、楠木、冬青、珊瑚树、桃叶珊瑚、广玉兰、石楠、夹竹桃、栀子花、槐树、枸骨、桂花、大叶黄杨、厚皮香、银杏、刺楸、榆树、朴树、木槿、重阳木、刺槐、苦槠、臭椿、构树、三角枫、桑树、紫薇、悬铃木、泡桐、五角枫、乌桕、皂荚、榉树、青桐、麻栎、樱花、腊梅、大绣球等。

9. 滞尘能力强树种

臭椿、槐树、栎树、刺槐、白杨、柳树、白榆、麻栎、悬铃木、樟树、榕树、凤凰木、海桐、黄杨、青冈、女贞、冬青、广玉兰、珊瑚树、石楠、夹竹桃、枸骨、榉树、朴树、银杏等。

（三）工厂（企业）防护林带设计

1. 防护林带的功能作用

工厂防护林带是工厂绿化的重要组成部分，尤其对那些产生有害排出物或产品要求卫生防护很高的工厂更显得重要。工厂防护林带的主要作用是净化空气、吸收有毒气体、滤滞粉尘、减轻污染、保护改善厂区乃至城市环境，如图 6-1-25 所示。

2. 防护林带的树种选择

防护林带应选择生长健壮、抗污染性强、病虫害少、树体高大、枝叶茂密、根系发达的树种。树种搭配上，要常绿树与落叶树相结合，乔木、灌木相结合，阳性树与耐阴树相结合，速生树与慢生树相结合，净化与美化相结合。

3. 防护林带的结构

（1）通透结构

通透结构的防护林带一般由乔木组成，林带面积因树种而异，气流一部分从林带下层树干之间穿过，一部分滑升从林冠上面绕过。在林带背风一侧树高 7 倍处，风速为原风速的 28%，在树高 52 倍处，恢复原风速，有效防风距离为树高的 25 倍，如图 6-1-26 所示。

图 6-1-25　工厂防护林

图 6-1-26　疏通结构防护林

（2）半通透结构

半通透结构的防护林带以乔木构成林带主体，在林带两侧配置一行或两行灌木。少部分气流从林带下层的树干之间穿过，大部分气流则从林冠上部绕过，在背风林缘处形成涡旋和弱风，如图 6-1-27 所示。据测定在林带两侧树高 30 倍的范围内，风速均低于原风速，有效防风距离为树高的 30 倍。

（3）紧密结构

紧密结构一般是由大、小乔木和灌木配置而成的林带，形成复层林相，防护效果好。气流遇到林带，在迎风处上升扩散，由林冠上方绕过，在背风处急剧下沉，形成涡旋，有利于有害气体的扩散和稀释，污染较严重的工厂多采用此种防护林带结构。

（4）复合式结构

如果有足够宽度的地带设置防护林带，可将三种结构结合起来，形成复合式结构。在临近工厂的一侧建立通透结构，临近居住区的一侧为紧密结构，中间为半通透结构。复合式结构的防护林带可以充分发挥其作用，如图 6-1-28 所示。

图 6-1-27　半疏通结构防护林　　　　　　图 6-1-28　复合结构防护林

4. 工厂防护林带的设计

工厂防护林带的设计要根据污染因素、污染程度和绿化条件，综合考虑，确立林带的条数、宽度和位置。防护林带应与厂区、车间、仓库、道路绿化结合起来，以节省用地。

（1）卫生防护林带

卫生防护林带，也称防护污染隔离林带，设在生产区内与居民区或行政福利区之间，以阻挡来自生产区大气中的粉尘、飘尘，吸滞空气中的有害气体，降低有害物质含量，减弱噪声，改善区域小气候，如图 6-1-29 所示。卫生防护林带的设置，主要根据污染物的种类、排放形式及污染源的位置、高度、排放浓度及当地气象特点等因素而定。

（2）防风林带

防风林带是防止风沙灾害，保护工厂生产和职工生活环境的林带，它与卫生防护林带在设置和宽带上有所不同。防风林带设在紧靠被保护的工厂、车间、作业场、居民区等附近。在防风林带前的迎风面，防护范围是林带高度的 10 倍左右，可以降低风速 15%～25%；在林带后的防护距离则为林带高的 25 倍左右，能减弱风速，如图 6-1-30 所示。

通常，在工厂上风方向设置防风林带，防止风沙侵袭及邻近企业污染。在下风方向设置防护林带，必须根据有害物排放、降落和扩散的特点，选择适当的位置和种植类型。在一般情况下，污物排出并不立即降落，在厂房附近地段不必设置林带，而应将其设在污物开始密集降落和受影响的地段内。在防护林带内，不宜布置散步休息的小道、广场，在横穿林带的道路两侧加以重点绿化隔离。在大型工厂中，为了连续降低风速和污染物的扩散程度，有时还要在厂内各区、各车间之间设置防护林带，以起到隔离作用。

图 6-1-29 卫生防护林   图 6-1-30   防风林

（3）防火林带

在石油化工、化学制品、冶炼、易燃易爆产品的生产工厂及车间，为确保安全生产，减少事故的损失，应设防火林带绿地。林带由水分含量大、不易燃烧、萌蘖能力强的防火、耐火树种组成。防火林带的宽带依工厂的生产规模、火种类型而定。一般火灾规模小的林带宽约 3m 以上，可能引起较大规模火灾的，林带宽度宜 40～100m。石油化工、大型炼油厂的有效宽带应为 300～500m。可在防护距离内设置隔离沟、障碍物等设施，延缓火势蔓延。

防火绿地规划设计要与主干道、广场等绿地相结合。在易燃工厂周围设开敞式绿地以利于职工疏散，在靠近居民区、街道附近重点设置防灾绿地。防护林带的设计类型有纯林带型、结合设施型和地形利用型等三种。常见防火树种有珊瑚树、厚皮香、夹竹桃、山茶、油茶、罗汉松、纹母、冬青、海桐、女贞、大叶黄杨、枸骨、银杏、悬铃木、枫香、乌桕、白杨、柳树、国槐等。

任务二 校园绿地设计

【知识点】

掌握大学校园的绿地组成。

掌握大学校园各区绿地设计要点。

【技能点】

能够设计出有人文特色的大学校园绿地方案。

能够合理统筹各分区绿地，形成完整绿地系统。

相关知识

在一般情况下，中小学校的规模较小、建设经费紧张、学生年龄较小，学生大部分以走读方式为主，因此绿地无论是从设计还是从功能角度来讲都比较简单；而高校由于规模大、学生年龄较大、学生以住校方式为主，因此绿地的设计及功能要求都比较复杂。

一、大学校园绿地设计

在大学校园绿地景观构建中，景观质量的优劣直接关系到大学校园整体环境质量，对师生的学习、生活、心理方面有着潜移默化的作用。因此，大学校园绿地规划与设计相对校园总体规划而言有着更深层次的意义。

（一）大学校园的绿地组成

1. 教学科研区绿地

教学科研区是大学校园的主体，主要包括教学楼、实验楼、图书馆及行政办公楼等建筑，该区也常常与学校大门主出入口相结合综合布置，体现学校的面貌和特色。教学科研区周围要保持安静的学习与科研环境，其绿地一般沿建筑周围、道路两侧呈条带状或团块状分布，如图 6-2-1 所示。

2. 学生生活区绿地

该区为学生生活、活动区域，主要包括学生宿舍、学生食堂、浴室、商店等生活服务设施，以及部分体育活动器械。该区与教学科研区、校园绿化景区、体育活动区、城市交通及商业服务有密切联系，绿地沿建筑、道路分布，比较零碎、分散，如图 6-2-2 所示。但是该区又是学生课余生活比较集中的区域，绿地设计要注意满足其功能性。

图 6-2-1 教学区绿化

图 6-2-2 大学宿舍绿化

3. 教职工生活区绿地

该区为教职工生活、居住区域，主要是居住建筑和道路，一般单独布置，或者位于校园一隅，与其他功能区分开，以求安静、清幽，其绿地分布与普通居住区无差别。

4. 休息游览区绿地

休息游览区是在校园的重要地段设置的集中绿化区或景区，供学生休息散步、自学、交往，另外，还起着树立学校形象、陶冶情操、美化环境的作用。该区绿地呈团块状分布，是校园绿化的重点区域。

5. 体育活动区绿地

大学校园体育活动区是校园的重要组成部分，是培养学生德、智、体、美、劳全面发展的重要场所，其内容主要包括大型体育场、馆和操场，游泳池、馆，各类球场及器械运动场等。该区要求与学生生活区有较方便的联系。除足球场草坪外，绿地沿道路两侧和场馆周边呈条带状分布，如图 6-2-3 所示。

6. 校园道路绿地

校园道路绿地分布于校园内的道路系统中，对各功能区起着联系与分隔的双重作用，且具有交通运输功能。道路绿地位于道路两侧，除行道树外，道路外侧绿地与相邻的功能区绿地融合，如图 6-2-4 所示。

图 6-2-3　体育活动区绿地　　　　　　　图 6-2-4　校园道路绿地

7. 后勤服务区绿地

该区分布着为全校提供水、电、热力以及仓库、维修车间等设施，占地面积大，管线设施多，既要有便捷的对外交通联系，又要离教学科研区较远，避免干扰。其绿地也是沿道路两侧及建筑场院周边呈条带状分布。

（二）大专院校绿地设计的原则

1. 以人为本。
2. 突出校园文化特色。
3. 利用校园雕塑突出育人氛围。
4. 突出校园景观的艺术特色。
5. 主路系统简洁明快，符合学生的学习生活要求。
6. 创造适合学习和活动的宜人小空间环境。
7. 以自然为本，创造良好的校园生态环境。

（三）大学校园各区绿地规划设计要点

1. 校前区绿化

校前区主要是指学校大门、出入口与办公楼、教学主楼之间的空间，有时也称作校园的前庭，是大量行人、车辆的出入口，具有交通集散功能，同时起着展示学校形象以及校容校貌的作用，一般有一定面积的广场和较大面积的绿化区，是校园重点绿化美化地段之一。校前区空间的绿化要与大门建筑形式相协调，以装饰观赏为主，衬托大门及立体建筑，突出庄重典雅、朴素大方、简洁明快、安静优美的高等学府校园环境。

校前区的绿化主要分为两部分：门前空间和门内空间。

门前空间主要指城市道路到学校大门之间的部分。对门前空间的绿化一般使用开花乔灌木，形成活泼而开朗的门景，两侧墙体、栅栏用藤本植物进行垂直绿化。在四周围墙处，选用乔灌木自然式带状布置，或者以速生树种形成校园外围林带。另外，门前空间的绿化在体现学校特色的同时，还要与街景能够协调一致，如图 6-2-5 所示。

门内空间主要指大门到主体建筑之间的空间。门内空间的绿化设计一般以规划式绿地为主，以校门、办公楼或教学楼为轴线，在轴线上布置广场、喷泉、雕塑、水池、花坛和主干道。轴线两侧对称布置装饰成休息性绿地，在开阔的草地上种植树丛，点缀花灌木，自然活泼，或者种植草坪及整形修剪的绿篱、花灌木，低矮开朗，富有图案装饰效果。在主干道两侧植高大挺拔的行道树，外侧适当种植绿篱、花灌木，形成开阔浓郁的绿荫大道，如图 6-2-6 所示。

图 6-2-5　门前绿化　　　　　　　　　　图 6-2-6　门内绿化

2. 教学科研区绿化

教学科研区一般包括教学楼（图 6-2-7）、实验楼、图书馆（图 6-2-8）及行政办公楼等建筑，其主要功能是满足全校师生教学、科研的需要。教学科研区绿地其功能是为教学科研工作提供安静优美的环境，也为学生创造了课间进行适当活动的绿色室外空间。这类绿地常为师生在楼上的鸟瞰画面，所以绿地布局要注意其平面图案构成和线形设计。植物种类宜丰富，叶色变化多样，绿地要与建筑主体相协调，对建筑起到美化、烘托的作用，成为该区内空间的休闲主体。教学楼周围的基础绿带，在不影响楼内通风采光的条件下，多种植落叶乔灌木。

图 6-2-7　教学楼绿化　　　　　　　　　图 6-2-8　图书馆绿化

教学科研主楼前广场的绿化设计，一般以大面积铺装为主，结合花坛、草坪，布置喷泉、雕塑、花架、园灯等园林小品，体现简洁、开阔的景观特色。整个广场空间应注意其开放性、综合性，适合学生的集合、活动与交流。场地的空间处理应具有较高的艺术性和思想内涵，并富有人情味，有良好的尺度和景观，使自然和人工有机地融为一体。有的学校也将校前区和教学科研主楼前的广场结合起来布置。

3. 学生生活区绿化

为了方便学生学习和生活，校园内设置有学生生活区和各种服务设施。学生生活区绿化应以校园绿化基调为前提，根据场地大小，兼顾交通、休息、活动、观赏诸功能，因地制宜地进行设计。食堂、浴室、商店、银行、邮局前要留有一定的交通集散及活动场地，周围可留基础绿带，种植花草树木，活动场地中心或周边可设置花坛或种植遮阴树。

学生生活区绿地可以结合行道树形成封闭式的观赏性绿地，或者布置成庭院式休闲性绿地，铺装地面，花坛、花架、基础绿带和庭荫树池结合，形成良好的学习、休闲场地。可以开辟林间空地，设立花坛和休息座椅，同时留有可供学生节假日聚会的公共空间。学生生活区的花草树木品种应较为丰富，选用一些树形优美的常绿乔木、开花灌木，使生活区具有春夏秋冬的四季景色变化。

4. 教工生活区绿化

教工生活区绿化与普通居住区的绿化设计相同，设计时可参阅居住区绿地中的有关内容。

5. 休息游览区绿化

大学校园一般面积较大，在校园的重要地段设置花园式或游园式绿地，供师生休闲、观赏、游览和读书之用，如图 6-2-9 所示。另外，大学校园中的花圃、苗圃、气象观测站等科学实验园地，以及植物园、树木园也可以园林形式布置成休息游览绿地。其规划设计构图的形式、内容及设施，要根据场地的地形地势、周围道路、建筑等环境，综合考虑，因地制宜地进行。

6. 体育活动区绿化

体育活动区一般在场地四周栽植高大乔木，下层配置耐阴的花灌木，形成一定层次和密度的绿荫，能有效地遮挡夏季阳光的照射和冬季寒风的侵袭，减弱噪声对外界或体育场内的干扰。

室外运动场的绿化不能影响体育活动和比赛以及观众的视线，应严格按照体育场地及设施的有关规范进行。为保证运动员及其他人员的安全，运动场四周可设围栏。在适当之处设置座凳，供人们观看比赛。设座凳处可种植落叶乔木遮阳。体育馆建筑周围应因地制宜地进行基础绿带绿化。

7. 校园道路绿化

校园道路两侧行道树应以落叶乔木为主，构成道路绿地的主体和骨架，浓荫覆盖，有利于师生们的工作、学习和生活，在行道树外还可以种植草坪或点缀花灌木，形成色彩、层次丰富的道路景观。还可以用开花乔灌木或色叶植物创造几条有特色的小路，如图 6-2-10 所示。

图 6-2-9　大学校园休息游览区　　　　　　图 6-2-10　大学校园道路绿化

二、中小学绿地设计

（一）主体建筑

主体建筑用地（包括教学、科研、管理）的绿化，主要是为了在教学用房周围形成一个安静、清洁、卫生的环境，为教学创造良好的环境条件，其布局形式要与建筑协调，方便师生通行，所以多为规则式布局形式。在建筑物周围的绿化应服从教学用房的功能要求，在朝南方向，尤其是实验室前，应考虑室内通风、采光的需要，靠近建筑采用低矮灌木或者宿根花卉作基础栽植，高度以不超过窗台为限，离建筑外 8m 以上才可栽植乔木，以免影响采光和通风，如图 6-2-11 所示。在建筑东西两侧应栽植有高大树冠的乔木，以遮挡东西日晒，教学楼背阴面要选择耐阴植物，如图 6-2-12 所示。

图 6-2-11　主体建筑南侧绿化　　　　　　图 6-2-12　主体建筑背阴面绿化

（二）学校出入口

学校的出入口是校园绿化的重点，在主道两侧种植绿篱、花灌木及树姿优美的常绿乔木，使入口主干道四季常青，或种植开花的乔木，间植常绿灌木。学校大门的绿化要与大门的建筑形式相协调，多使用常绿花灌木，形成活泼开朗的门景，注意色彩、层次的对比变化，建花坛，铺草坪，植绿篱，配置四季花木，衬托大门及建筑物入口空间和正立面景观，丰富校园景色。大门两侧的花墙，可用不带刺的藤本花木进行配置；大门外面的绿化应与街景协调，同时要有学校的特色，如图 6-2-13 所示。大门内可设小型广场，铺设草坪，点缀花坛、雕像、喷泉等。

（三）体育运动用地

运动场与教学区建筑和宿舍区要有一定的距离，两者之间用树木组成繁密的绿带，以免上课时受场地活动及声音的干扰。场地周围的绿化以乔木为主，根据地形情况种植数行常绿和落叶乔木混交林。运动场和教室宿舍之间最好要有宽 15m 以上的常绿与落叶混交林带。应注意选择季节变化显著的树种，如茶条槭、三角枫等，使体育场随季节变化而色彩斑斓，少种灌木，以留出较多的空地供活动用，同时要考虑夏季遮阴和冬季阻挡寒风袭击及日照要求，如图 6-2-14 所示。

图 6-2-13 学校出入口绿化　　　　　图 6-2-14 体育运动用地绿化

（四）自然科学园

自然科学园用地应选择阳光充足、排水良好、接近水源、地势略有变化之地，用地上可以根据自然条件及教学大纲的要求，分别划出种植园（图 6-2-15）、饲养场、气象观测站（图 6-2-16）等活动区。使学生增加自然科学知识，在实验园地周围应以围栏或绿篱作间隔，以便于管理。为了满足学生们课外复习、朗读的需要，应在主体建筑或教室外围空气较好的位置设置室外读书小空间，根据地形变化因地制宜布置，三面可用常绿灌木相围，以落叶大乔木遮阴，以免相互干扰。地面注意铺装设计，设置桌、椅、凳等。有条件的地方还可单独设置一个小游园，以供学生室外阅读和复习功课。

图 6-2-15 种植园　　　　　　　图 6-2-16 气象观测站

三、托幼机构绿地规划设计

（一）概述

托儿所招收的对象是不满 3 岁的幼儿，幼儿园对 3～6 岁幼儿进行学龄前教育，它们在居住区规划中多布置在独立地段，也有设立在住宅底层的。如果在独立地段设置，一般有较为宽敞的室外活动场地，对住户的干扰也较小。托幼机构总平面一般分为主体建筑区、辅助建筑区和户外活动场地 3 部分。

　　主体建筑是核心，应结合周围环境地形、朝向及各组成部分相互关系统筹安排。辅助建筑一般设于较偏僻的地段，有条件时应开设专用出入口，无条件时也要使之与儿童活动路线分开，以保证安全。辅助建筑包括锅炉房、厨房、仓库、洗衣房等。托幼机构在建筑设计上，不仅要考虑其本身的设计美观与合理，也要考虑与绿地之间的关系，以方便使用。必须注重环境设计，使建筑与室内外环境符合幼儿心理，适合幼儿使用，为幼儿所喜爱，如图 6-2-17 所示。

（二）绿地规划设计

1. 公共活动场地

　　公共活动场地是幼儿进行集体活动、游戏的场地，也是绿地的重点绿化区。在场地内常设置沙坑、涉水池、小动物造型、小亭及花架和各种活动器械，如荡船、秋千、蹦床、滑梯等。这些儿童活动器具可采用儿童喜爱的艺术形象和色彩，如动物形象化图案。活动场地考虑到儿童的好动性格，场地里各器械、设施要符合儿童的尺度。在儿童的主要活动场所，可以用硬质铺装，也可采用土地地面，最好采用安全垫。场地周围应有一定的绿化阻隔，以减少场地噪声对周围居民的干扰。在活动器械及活动场地边缘，应种植树冠宽阔、遮阴效果好的落叶乔木，使儿童及活动器械免受夏日灼晒，冬季亦能晒到阳光，角隅处也可适当点缀花灌木，所有场地应开阔、平坦、视线通透，不能影响儿童活动，如图 6-2-18 所示。

图 6-2-17　幼儿园绿地　　　　　　　　图 6-2-18　幼儿园公共活动场地

2. 班组活动场地

　　幼儿园是按年龄分班的。小班 3～4 岁，每班 20～25 人；中班 4～5 岁，每班 25～30 人；大班 5～6 岁，每班 30～35 人。合理的活动场地首先要供各个班分别作室外活动之用。划分成班组专用活动场地的优点是考虑不同年龄儿童活动量不同，避免大孩子冲撞和欺负小孩子，便于管理。分班活动场地一般不设游乐器械，通常是无毒无刺的绿篱围合起来的一个单独空间，并种植少量病虫害少、遮阴效果好的落叶乔木。场地可根据面积大小，采用 40%～60% 铺装，图案要新颖、别致。其余部分可铺设草坪，也可设置棚架，种植开花的攀缘植物如紫藤、金银花等。在角隅及场地边缘种植不同季节开花的花灌木和宿根花卉，以丰富季相变化。场地应平整，避免有坚硬突出的物体，以保护儿童，如图 6-2-19 所示。

3. 学科学场地

有条件的托幼机构，还可设果园、花园、菜园，如图 6-2-20 所示、小动物饲养场等，以培养儿童观察能力及热爱科学、热爱劳动的品质，其面积大小视具体情况而定。如北京某幼儿园的西部设置了较大的果园，水果成熟后供全园儿童享用。

图 6-2-19　班组活动场地

图 6-2-20　科学园地

4. 休息场地

在建筑附近，特别是儿童主体建筑附近，不宜栽满高大乔木，以避免使室内通风透光受影响，一般乔木应距建筑 8～10m，在建筑附近以低矮灌木及宿根花卉作基础栽植。热带地区可适当考虑室内的遮阴。在主要出入口附近可布置儿童喜爱的色彩鲜艳、造型活泼的花坛、水池、座椅等，它们除起到美观及标志性作用之外，还可为接送儿童的家长提供休息场地，如图 6-2-21 所示。

5. 绿带

在托幼场地周围应种植成行的乔木、灌木、绿篱，形成一个浓密、防尘、隔音的绿带如图 6-2-22 所示，其宽度为 5～10m，如一侧有车行道或在冬季主导风向无建筑遮挡寒风，则应以密植林带进行防护，并考虑一定数量的常绿树，宽度应为 10m 左右。

图 6-2-21　休息场地

图 6-2-22　幼儿园绿化

6. 树种选择

幼儿园的植物选择，应充分考虑到幼儿成长的需要。选择株形优美、色彩鲜艳、季相变化明显的树种，使环境丰富多彩，气氛活泼，激发儿童的好奇心，同时也使儿童了解自然、热爱自然。如初春连翘、榆叶梅、紫色丁香、白色花的红瑞木点缀春景，夏季有草花争奇斗妍，秋季榆叶梅果实可观，冬季红瑞木红色枝干配上雪景也甚为美丽。同时注意在儿童活动范围内尽量少植占地较多的花灌木，以防止儿童在跑动过程中产生危险。植物选择除服从景观要求之外，还要避免栽植多飞毛、多刺、有毒、有臭味、易产生过敏的植物，如皂荚、夹竹桃、黄刺玫（图 6-2-23）等。绿地中落叶树应占一定的比例，以保证冬季幼儿晒太阳的要求。

7. 绿地铺装

幼儿园绿地中的铺装要特别注意其平整性，不要设台阶，以免幼儿在奔跑时注意不到而跌倒。道牙尽量不要凸出于道路，道路广场宜与绿地高度取平或稍低，以保证幼儿行走活动的安全。为达到安全保护的效果，幼儿所使用的道路广场可采用柔性铺装，如图 6-2-24 所示。绿地中宜铺设大面积的草坪，选择绿期长、耐践踏的草种，以方便幼儿的活动。

图 6-2-23　黄刺梅有刺不宜栽植

图 6-2-24　幼儿园宜采用柔性铺装

任务三　机关单位绿地设计

【知识点】

了解机关单位的绿地组成。

了解机关单位绿地的分区规划设计要点。

【技能点】

能够设计出符合机关单位特点的绿地方案。

能够合理统筹各分区绿地，形成完整绿地系统。

相关知识

一、机关单位绿地概述

（一）机关单位绿地的概念

机关单位绿地是指党政机关、行政事业单位、各种团体及部队用地范围内的环境绿地，也是城市园林绿地系统的重要组成部分，如图 6-3-1 所示。

（二）机关单位绿地的功能

1. 为工作人员创造良好的优美环境，使工作人员在工作休息时间得到身体放松和精神享受。

2. 给前来联系公务和办事的客人留下美好印象，从而提高单位的知名度和荣誉度。

3. 是提高城市绿化覆盖率的一条重要途径，对于绿化美化市容，保护城市生态环境，起着举足轻重的作用。

4. 是机关单位乃至整个城市的管理水平、文明程度、文化品位、面貌和形象的反映，如图 6-3-2 所示。

图 6-3-1　机关单位绿地　　　　图 6-3-2　绿地能体现机关单位的面貌和形象

二、机关单位绿地规划设计原则

1. 注重生态效益

机关单位绿地在《城市绿地分类标准》中属于附属绿地，是城市绿地系统的重要组成部分。单位绿地应该按照国家和各级地方政府的要求达到一定比例，提高城市绿地率，改善城市生态环境，营造适宜的人居环境。

2. 符合审美要求

机关单位绿地使用人群除了本单位公务人员和前来办事的群众外，还有外单位乃至其他城市前来联系公务的宾客，其绿地设计应该既能提升单位的形象，又符合大众审美艺术，如图 6-3-3 所示。

3. 富有地域特征

机关单位绿地设计应该考虑单位自身的属性与职能特征，并且突显城市文脉，体现地域特色，营造出具有一定内涵和品位的园林环境，使单位绿地成为城市绿地系统中的一张"名片"，如图 6-3-4 所示。

图 6-3-3　机关单位绿化符合大众审美需求　　　图 6-3-4　单位绿化凸显地域特征

4. 强调人本主义

人性化办公设计强调工作成员与团队人员之间的紧密联系与沟通方便，宜于创造感情和谐的人际和工作关系。以公务人员的现代工作方式和行为生活规律为依据，满足其生理需求、社会需求和精神需求，使之具有舒适感和归属感，提高他们的工作效率。

三、机关单位绿地各组成部分的规划设计

（一）大门入口处绿地

大门入口处主要是指城市道路到单位大门口之间的用地，这里是机关单位形象的缩影，是机关单位对外宣传的窗口，它的设计直接影响到城市道路景观和此机关单位的形象，因此，大门入口处绿地也是机关单位绿化的重点之一，如图 6-3-5 所示。

在进行大门入口处绿化设计时应注意以下几点：

1. 应充分考虑入口处绿地的形式、色彩和风格，要与入口空间、大门建筑相协调，以形成机关单位的特色及风格；

2. 一般大门外两侧采用规则式种植，以树冠整齐、耐修剪的常绿树种为主，与大门形成强烈对比，或对植于大门两侧，衬托大门建筑，强调入口空间；

3. 为了丰富景观效果，可在入口处的对景位置设计假山、喷泉、雕塑、花坛、树丛、树坛及景观墙等；

4. 大门外两侧绿地，应适当与街道绿地中人行道绿化带的风格协调，入口处及临街的围墙要通透，可以用攀缘植物绿化。

（二）办公楼绿地

办公楼绿地主要指大门到主体建筑之间的绿化用地，可分为办公楼前装饰性绿地、办公楼入口处绿地及办公楼周围的基础绿地。办公楼绿地是机关单位对外联系的枢纽，是机关单位绿化设计最重要的部位，如图 6-3-6 所示。

1. 办公楼前装饰性绿地

一般情况下，在大门入口至办公楼前，根据空间和场地大小，往往规划成广场，供人流交通集散和停车使用，绿地位于广场两侧。广场上可设置假山、雕塑、喷泉、花坛等，作为入口的对景，成为整个广场或办公楼前的焦点。

办公楼前绿地以规则式、封闭型为主，对办公楼及空间起装饰衬托和美化作用。场地面积小时，一般设计成封闭型绿地，起绿化美化作用；场地面积较大时，常建成开放

型绿地，可适当考虑休闲功能。通常的做法是以草坪铺底，绿篱围边，点缀常绿树和花灌木，形成低矮开敞景观，或做成模纹图案，富有装饰效果。

图 6-3-5　大门入口处绿化

图 6-3-6　办公楼周围绿化

2. 办公楼入口处绿地

办公楼入口处绿地的处理手法有以下三种：

（1）结合台阶，设花台或花坛；

（2）用耐修剪的花灌木或者树形规整的常绿针叶树，对植于入口两侧；

（3）用盆栽植物摆放于大门两侧形成对植，常用的植物包括苏铁、棕榈、南洋杉、鱼尾葵等。

3. 办公楼周围的基础绿地

办公楼周围的基础绿地，位于楼与道路之间，呈条带状，既能美化衬托建筑，又能进行噪声隔离，保证室内安静。其绿化设计应简洁明快，绿篱围边，草坪铺底，栽植常绿树与花灌木，或者设置模纹图案，形成精美的开敞、整齐景观。在建筑物的背阴面，要选择耐阴植物。为保证室内通风采光，高大乔木可栽植在距离筑物 8m 之外，为防日晒，也可于建筑东西两山墙处结合行道树栽植高大乔木。

（三）小游园

如果机关单位内的绿地面积较大，可以考虑设计休息性的小游园。游园中一般以植物造景为主，结合道路、休闲广场布置水池、雕塑，以及亭、廊、花架、桌椅、园凳等园林建筑小品和休息设施，满足人们休息、观赏、散步等活动的需要。

（四）附属绿地

机关单位内的附属绿地主要指食堂、锅炉房、变电室、停车场（图 6-3-7）、仓库、杂物堆放房等建筑及围墙内的绿地。这些地方的绿化只需把握一个原则：在不影响使用功能的前提下，进行绿化、美化，并且对影响环境的地方做到"俗则屏之"，利用植物进行遮盖。

（五）道路绿地

主要指机关单位内的道路绿化用地。道路绿地贯穿于机关单位各组成部分之间，起着交通、空间和景观的联系与分隔的作用。道路绿化应根据道路及绿地宽度，采用行道树及绿化带的种植方式，如图 6-3-8 所示。在进行道路绿化设计时，要注意处理好植物与各种管线之间的关系，且应注意行道树种不宜繁杂。如果机关单位道路较窄且与建筑物之间空间较小，行道树应选择观赏性较强、分枝点较低、树冠较小的中小乔木，株距3～5m。

图 6-3-7 停车场绿化

图 6-3-8 道路绿地

【思考与练习】

1. 工厂绿地有哪些功能？

2. 工厂绿地由哪几部分组成？

3. 工厂绿地各分区怎样绿化？

4. 大学校园绿地的设计要点有哪些？

5. 机关单位绿地由哪几部分组成？

6. 机关单位绿地各分区怎样绿化？

技能训练

技能训练一 工厂绿地设计

一、实训目的

熟悉工厂绿地的设计原则，熟练掌握工厂绿地的设计方法，合理有效地完成工厂绿地的设计。

二、内容与要求

完成某方案的工厂绿化设计，结合工厂环境景观特征，确定主题风格并进行绿地设计，科学设计工厂绿化形式，充分发挥其景观功能，使设计科学美观（图 6-3-9 仅供参考）。

三、方法步骤

1. 根据工厂环境特点进行绿化，制定合理美观的设计方案。

2. 合理进行绿化布局，合理选择绿化树种并设计出植物配置方案。

3. 绘制该工厂绿地的平面图。

技能训练二 大学校园绿地设计

一、实训目的

熟悉大学校园绿地的设计原则，熟练掌握大学校园绿地的设计方法，合理有效地完

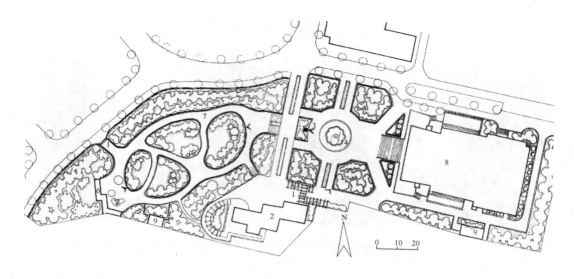

图 6-3-9　四川维尼纶厂绿地平面图

1—花架；2—服务性建筑；3—雕塑；4—喷水池；5—绿篱；6—花廊；7—黄杨绿篱；8—俱乐部；9—厕所

成大学校园绿地的设计。

二、内容与要求

完成某方案的大学校园绿化设计，结合大学环境景观特征，确定主题并进行绿地设计，科学设计大学校园绿化形式，充分发挥其景观功能，使设计科学美观（图 6-3-10 仅供参考）。

三、方法步骤

1. 根据大学校园环境特点进行绿化，制定合理美观的设计方案。
2. 合理进行绿化布局，合理选择绿化树种并设计出植物配置方案。
3. 绘制该大学校园的平面图。

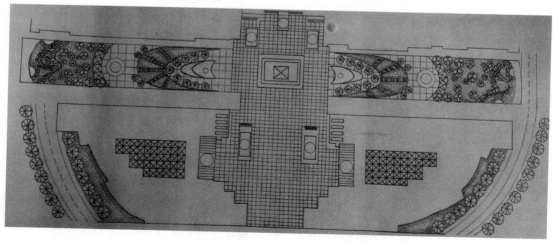

图 6-3-10　某大学校园绿地平面图

项目七　　**公园规划设计**

 内容提要

公园绿地是城市中向公众开放的、以游憩为主要功能，有一定的游憩设施和服务设施，同时兼有健全生态、美化景观、防灾减灾等综合作用的绿化用地。是城市建设用地、城市绿地系统和城市市政公用设施的重要组成部分，是展示城市整体环境水平和居民生活质量的一项重要指标。本项目就综合性公园设计、纪念性公园设计和体育公园设计三个任务进行阐述，通过本项目的学习，使同学们掌握各类公园绿地的设计方法，为以后进行园林设计岗位的工作奠定基础。

任务一　综合性公园设计

 【知识点】

掌握综合性公园规划设计的程序和方法。
掌握综合性公园设计原则、功能分区和景观布局。

 【技能点】

能够正确地分析综合性公园常用的园林布局和造景手法。
能够进行小规模公园的分区规划。

相关知识

一、概述

（一）概念

综合性公园是城市园林绿地系统、公园系统的重要组成部分，它不仅为城市提供了大面积的绿地，而且为人民群众提供游览、休息、观赏、开展文化娱乐和社交活动、体育活动的优美场所。综合性公园在城市公共绿地中居首要地位，并对城市面貌、环境保护、社会生活起到重要的作用。

（二）综合性公园的类型

根据现代公园系统相关理论和世界上多数城市中城市公园的情况，每处综合性公园的面积从几万平方米到几百万平方米不等；在中小城市多设 1~2 处，在大城市则分设全市性和区域性综合公园多处，在我国，根据综合性公园在城市中的服务范围分为两种。

1. 市级公园

为全市居民提供游览休息、文化娱乐活动的综合性绿地。它是全市公共绿地中，集中面积最大、内容和设施最完善的绿地。市级公园，为市政府统一管理，面积一般在 $10hm^2$ 以上，随市区居民总人数的多少而有所不同。其服务半径约为 2~3km，步行约 30~50min 可到达，乘坐公共汽车约 10~20min 可到达。

2. 区级公园

在面积较大、人口较多的城市，在市以下通常划分有若干个行政区，区级公园通常是指位于某行政区内为该行政区居民服务的公园。区级公园，为区政府统一管理，面积按该区居民的人数而定，一般不超过 $10hm^2$，园内也有比较丰富的内容和设施。其服务半径约 1~1.5km，步行约 15~25min 可到达，乘坐公共汽车约 15min 可到达。如西安莲湖区的莲湖公园、高新区的新纪元公园。

（三）综合性公园的作用

综合性公园除具有绿地的一般作用外，还在城市居民的文化、娱乐、学习、生活等方面起着更要的作用。

1. 政治文化方面：宣传党的方针政策、介绍时事新闻、举办节日游园活动、中外友好活动，为组织集体活动，尤其是为少年、青年及老年人提供合适的场所。

2. 娱乐休憩方面：全面照顾到各年龄段、职业、爱好、习惯等的不同要求，设置游览、娱乐、休息设施，满足人们在游乐、休闲等方面的需求。

3. 科普知识方面：宣传科学技术新成果，普及生态知识及生物知识，通过公园中各组成要素潜移默化地影响游人，寓教于游，提高人们的科学文化素质。

二、功能分区规划

在进行公园规划设计时，要进行功能分区，目的是为了满足不同年龄、不同爱好游人的游憩和娱乐要求，合理、有机地组织游人开展各项活动，避免相互干扰，并便于管理，在公园内划分出一定的区域把各种性质相似的活动内容组织到一起，形成具有一定使用功能和特色的区域，我们称之为功能分区。

根据综合性公园的内容和功能需要，一般可将其分为以下几个功能区：观赏游览区、文化娱乐区、儿童活动区、老年人活动区、安静休息区、体育活动区、公园管理区等。

必须指出，分区规划绝不是机械的区划，尤其大型综合性公园中，地形多样复杂。所以，分区规划不能绝对化，应根据地形条件因地制宜，有分有合，全面考虑。

（一）观赏游览区

观赏游览区以观赏、游览参观为主，往往选择地形、植被等比较优越的地域，结合民间风俗、历史文物、名胜古迹，建造盆景园、展览温室，或布置观赏树木、花卉等植物的专类园，或略成小筑，配置假山水景、置石小品，点以摩崖石刻、匾额、对联，创造出情趣浓郁、典雅清幽的景色。它是游人比较喜欢的区域，为达到良好的观赏游览效果，要求游人在区内分布的密度较小，以人均游览面积 $100m^2$ 左右较为合适，所以本区在公园中占地面积较大，是公园的重要组成部分。

观赏游览区内设置的各内容应与公园整体景观相协调，花坛、草坪、喷水池、假山、雕塑、亭榭、回廊等设施，应当突出文化内涵，讲求文化品位，注重艺术效果，配合环境增进景色，如图 7-1-1 所示。

图 7-1-1　观赏游览区

在观赏游览区中，合理设计观赏游览路线，创造系列构图空间，安排景区、景点，创造意境情景，是游览路线布局的核心内容。通常我们在设计时应特别注意选择合理的道路平纵曲线、铺装材料、铺装纹样、宽度变化，使其能够适应景观展示、动态观赏的要求，如图 7-1-2 所示。

（二）文化娱乐区

文化娱乐区是公园中的闹区，人流最为集中，在该区内开展较多的是有喧哗声响、活动形式多样、参与人数众多的文化、娱乐等活动。

主要设施有：俱乐部、电影院、音乐厅、展览室（廊）、游戏广场、技艺表演场、露天剧场、舞池、溜冰场、戏水池、演讲场地、科技活动场等。当然，以上各设施应根据公园的规模大小、内容要求因地制宜合理地进行布局设置，如图 7-1-3 和图 7-1-4 所示。

图 7-1-2　观赏游览路线

图 7-1-3　文化娱乐广场（一）

图 7-1-4　文化娱乐广场（二）

公园中文化娱乐区是建筑物、构筑物相对集中的地方，也是全园构图核心、构成全园布局的重点，因此该区常位于公园的中部，并对建筑单体、建筑群组合的景观要求较高。布置时为避免区内各项活动彼此之间的相互干扰，应在各建筑物或各活动项目之间保持一定的距离，可通过建筑、地形、植物、水体等加以隔离。群众性的娱乐项目常常人流量较大，而且集散时间相对集中，所以要妥善地组织好交通，尽可能在规划条件允许的情况下接近公园出入口，或单独设立专用出入口，以便快速集中和疏散游人。为达到活动舒适，开展活动方便的要求，文化娱乐区用地在人均 $30m^2$ 较为适宜，以避免不必要的拥挤。文化娱乐区内游人密度大，要考虑设置足够的道路广场和生活服务设施，如餐厅、茶室、冷饮、厕所、饮水处等。

文化娱乐区的规划，应尽可能利用地形特点，创造出景观优美、环境舒适、投资少、效果好的景点和活动区域；可利用较大水面开展水上活动，利用缓坡地设置露天剧场、演出舞台，利用下沉地形开辟技艺表演、集体活动、游戏场地。

（三）儿童活动区

儿童活动区主要供学龄前儿童和学龄儿童开展各种儿童活动。据调查，公园中少年儿童占公园游人量的15％～30％，这个比例的变化与公园在城市中所处位置、周围环境、居住区的状况有直接关系。在居住区附近的公园，儿童的人数比例较大，离居住区较远的公园则儿童的人数比例相对较小。同时也与公园内儿童活动内容、设施、服务条件有关。

在儿童活动区内可根据不同年龄的少年儿童进行分区，一般可分为学龄前儿童区和学龄儿童区。主要活动内容和设施有：秋千、滑梯、跷跷板、电动设施、戏水池、运动场、障碍游戏、迷宫、少年宫、少年阅览室、科技馆等。用地最好能达到人均$50m^2$，并按照用地面积的大小确定所设置内容的多少。用地面积大的在内容设置上与儿童公园类似，用地面积较小的只在局部设游戏场，如图 7-1-5 和图 7-1-6 所示。

图 7-1-5 儿童造型门　　　　　　　图 7-1-6 儿童游戏设施

儿童活动区规划设计应注意以下几个方面：

1. 该区的位置一般靠近公园主入口，便于儿童进园后能尽快地到达区内开展自己喜爱的活动。避免儿童入园后穿越其他各功能区，影响其他各区游人的活动。

2. 儿童区的建筑、设施要符合少年儿童心理，考虑少年儿童的尺度，造型设计应色彩明快、尺度小；富有教育意义，最好有童话、寓言的内容或色彩；区内道路的布置要清晰简洁，易于辨认，地形变化较大需设台阶时应考虑无障碍通道，以便于童车通过。

3. 植物种植应选择无毒、无刺，无异味、无飞毛飞絮、不易引起儿童皮肤过敏的树木、花草；儿童区不宜用铁丝网或其他具有伤害性的物品做护栏，以保证活动区内儿童的安全。

4. 儿童区活动场地一般应用塑胶铺装或木质材料铺装，也可用大面积的草坪铺装以保护儿童安全，周围还应考虑遮阳林木、草坪、密林加以隔离，以便开展集体活动及更多的遮阴。

5. 儿童活动区还应适当考虑成人休息、等候的场所和设施，在儿童活动、游戏场地的附近留有可供家长停留休息的园椅、园凳、亭、花架、小卖部等。

（四）老年人活动区

随着城市人口老龄化速度的加快，老年人在城市人口中所占比例日益增大，公园中的老年人活动区在公园绿地中的使用率是最高的，在一些大、中等城市，很多老年人已养成了早晨在公园中晨练，晚上在公园里散步、谈心的习惯，所以公园中老年人活动区的设置是不可缺少的。

老人活动区在公园规划中应考虑设在观赏游览区或安静休息区附近，要求环境优雅、风景宜人。具体可从以下几个方面进行考虑：

1. 动静分区

在老年人活动区内可再分为动态活动区和静态活动区。动态活动区以健身活动为主，可进行球类、武术、舞蹈、慢跑等活动；在活动区外围应有林荫及休息设施，如设置亭、廊、花架、座凳等，以便于老年人活动后休息。静态活动区主要供老人们晒太阳、下棋、聊天、观望、学习、打牌、谈心等，场地的布置应有林荫、廊、花架等，保证夏季有足够的遮阳、冬季有充足的阳光；动态活动区与静态活动区应有适当的距离，并以能相互观望为好。

2. 闹静分区

闹主要指老人们所开展声音较大的活动，如扭秧歌、戏曲、弹奏、遛鸟、斗虫等，此处的静与前者所指的静相同并包括动中的武术、静坐、慢跑等较为安静的活动。由于闹区要发出较大的声响，会影响到其他人的活动，所以闹区应与其他各区有明确分隔，以免影响别人的活动。闹区的位置布局极为重要，一般参与闹区活动的老人喜欢热闹，有表演欲望，应为他们提供相应的表演场地，并有相应的观众场地，如设置露天剧场、疏林广场、缓坡开阔草坪等。

3. 设置必需的服务建筑和必备的活动设施

在公园绿地的老人活动区内应注意设置必要的服务性建筑，并考虑到老人的使用方便，如厕所内的地面要注意防滑，并设置扶手及放置拐杖处，还应考虑无障碍通道，以利于乘坐轮椅的老人使用。一些简易的体育设施和健身器材，如单杠、压腿杠、教练台等应选择有遮阴的铺装地或林间草地布置安排。其他如挂鸟笼、寄存、电话等设施也是在老人活动区附近应该配备的。

4. 一些有寓意的景观可以激发老人的生命活力

在公园绿地的老人活动区内通过一些花草树木、有特点的建筑、建筑上的匾额等有寓意的内容，可以激发老人的生命活力，使他们在游览休息中无形地获得教益，这对老人通过景物引发联想，唤起老人的生命活力或激起他们的美好遐思，都可以起到积极的促进作用和心情调剂作用。如植物中的老茎生花的紫荆、花开百日的紫薇、深秋绚丽的红叶、寒冬傲立的青松、凌空虚心的翠竹等都可以起到振奋身心，焕发生命活力的作用。

5. 注意安全防护要求

由于老人的生理机能下降，其对安全的要求要高于年轻人，所以在老人活动区设计时应充分考虑到相关问题，道路广场少设台阶，注意平整、防滑，供老人使用的道路不宜太窄，道路上不宜用步石，钓鱼区近岸处水位应浅一些等。

（五）安静休息区

安静休息区主要供游人进行休息、学习、交往或其他一些较为安静的活动，如垂钓、品茗、棋弈、书法绘画、散步、聊天、锻炼等。

　　该区的位置一般选择在具有一定地形起伏的区域，如山地、谷地、溪边、湖边、河边、瀑布等环境最为理想，并且要求树木茂盛、绿草如茵，有较好的植被景观环境，如图 7-1-7 和图 7-1-8 所示。

图 7-1-7　休息区（一）

图 7-1-8　休息区（二）

　　安静休息区的面积可视公园的规模大小进行规划布置，一般面积大一些为好，但在布局时并不一定要求所有的安静活动都集中于一处，只要条件合适，可选择多处，创造类型不同的空间环境，满足不同类型的活动要求。

　　该区景观布局要求也较高，宜采用园林造景要素巧妙组织景观形成景色优美、环境舒适、生态效益良好的环境景区。结合有地形起伏变化的自然环境景观，以植物景观为主，散落布置一些建筑以供游人休息学习，如设立亭、水榭、花架、曲廊、茶室、阅览室等园林建筑，这些建筑色彩宜素雅不宜华丽。

　　安静休息区位置一般选择在距主入口较远处，往往位于全园最深处，并与文娱活动区、儿童活动区、体育活动区有一定隔离，但与老人活动区可以靠近，必要时可考虑将老人活动区布置在安静休息区内。

（六）体育活动区

　　体育活动区可以根据不同季节，给游人提供不同体育活动，如游泳、溜冰、旱冰等活动，条件好的体育活动区还会设有体育馆、游泳馆、足球场、篮排球场、乒乓球室、羽毛球、网球、武术等场地。其规模、内容、设施应根据公园及其周围环境的状况而定，如果公园周围已有大型的体育场、体育馆，则公园内就不必开辟体育活动区。

　　体育活动区常常位于公园的一侧，并设置有专用出入口，以利于大量观众的迅速疏散。体育活动区的设置一方面要考虑其为游人提供进行体育活动的场地、设施，另一方面还要考虑到其作为公园的一部分，需与整个公园的绿地景观相协调。

　　随着我国城市发展及居民对体育活动参与性的增强，在城市的综合性公园，宜设置体育活动区。该区是属于相对较喧闹的功能区域，应与其他各区有相应分隔，以地形、植物、建筑进行分隔较好。区内可设场地相应较小的篮球场、羽毛球场、网球场、门球场、武术表演场、大众体育区、民族体育场地、乒乓球台等。如资金允许，可设室内体育场馆，但一定要注意建筑造型的艺术性。各场地不必同专业体育场一样设专门的看台，可以利用缓坡草地、台阶等作为观众看台，更加增近人们与大自然的亲和性。

（七）公园管理区

该区是为公园经营管理的需要而设置的专用区域。主要为公园提供管理办公、生活服务、生产组织等服务，另外园区还设置有水、电、煤、通讯等管线工程建筑物和构筑物、维修处、工具间、仓库、堆场杂院、车库、温室、棚架、苗圃、花圃、食堂、浴室、宿舍等。

公园管理区一般设在既便于公园管理，又便于与城市联系的地方，管理区四周要与游人有所隔离，对园内园外均要有专用的出入口。由于公园管理区属于公园内部专用区，规划布局要考虑适当隐蔽，不宜过于突出影响景观视线。除以上公园内部管理、生产管理外，公园还要妥善安排对游人的生活、游览、通讯、急救等的管理，做好游人饮食、休息、生活、购物、租借、寄存、摄影等服务工作。所以在公园的总体规划中，要根据游人活动规律，选择在适当地区，安排服务性建筑与设施。在较大的公园中，可设有1～2个服务中心点为全园游人服务，服务中心应设在游人集中、停留时间较长、地点适中的地方。另外，再根据各功能区中游人活动的要求设置各区的服务点，主要为局部地区的游人服务，如垂钓区可考虑设置租借渔具、购买鱼饵的服务设施。

公园的功能分区规划，应根据公园的规模大小来设置内容，有时园内各分区之间互有交叉、穿插。一般应结合公园的出入口、地形、建筑、道路布局、植物种植等内容，合理进行功能分区。

三、公园出入口的确定

公园规划设计的首要工作，是合理确定其出入口的位置。

（一）公园出入口的类型

公园出入口一般分为主要出入口、次要出入口和专用出入口三种类型。

1. 主要出入口

公园主要出入口一般只有一个，其位置必须与城市交通和游人走向、流量相适应。与园内道路联系方便，并使城市居民可方便快捷地到达公园内。公园主要出入口外应当根据规划和交通的需要设置游人集散广场、停车场、自行车存放处。收费公园主要出入口外集散场地的面积不得低于每万人 $500m^2$。大、中型公园出入口周围50m范围内禁止设置商业、服务业摊点。

2. 次要出入口

次要出入口一般有一个或多个，主要为附近居民或城市次要干道的人流服务，以免公园周围居民需要绕个大圈子才能入园，同时也为主要出入口分担人流量。次要出入口一般设在公园内有大量集中人流集散的设施附近。如公园内的表演厅、露天剧场、展览馆等场所附近。

3. 专用出入口

专用出入口一般设有1～2个，为了完善服务，方便管理和生产，多选择公园较偏僻处，或公园管理处附近，以达到方便园内职工的目的，专用出入口不供游人使用。

为了方便游人，一般在公园四周不同方位选择不同出入口，以免周围居民绕大圈才得入园之不便。同时在公园出入口、主要园路、建筑物出入口及公共厕所等处应当设置无障碍设施。

（二）公园主要出入口布局手法

公园主要出入口作为游人进入公园的第一个视线焦点，其规划布局，首先应考虑它在城市景观中所起到的装饰市容的作用。也就是说，主要出口的设计，一方面要满足功能上游人进出公园在此交汇、等候的需求，同时要求公园主要出入口布局设计要具有较高的艺术性、观赏性，能成为城市园林绿化的橱窗。

为达到此效果，一般出入口设计应与公园大门造型、周围的城市建筑结合起来，以突出其特色。出入口的布局方式也多种多样，其中常见的布局手法如图 7-1-9 和图 7-1-10 所示。

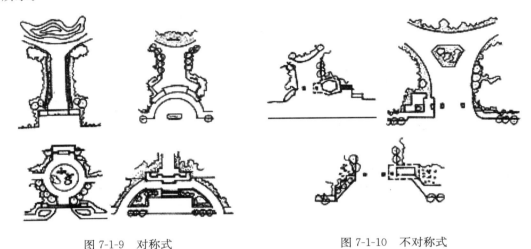

图 7-1-9　对称式　　　　　　　　　　图 7-1-10　不对称式

1. 欲扬先抑

这种手法适用于面积较小的园子，通常是在入口处设置障景，或者是通过强烈的空间开合的对比，使游人在入园以后有豁然开朗之感。苏州的留园，西安的曲江春晓园均在入口处采用这种手法。

2. 开门见山

通常面积较大的园子或追求庄严、雄伟的纪念性园林会采用这种手法。

3. 外场内院

这种手法一般是以公园大门为界，大门外为交通场地，大门内为步行内院。例如：北京紫竹院公园、西安盆景园。

4. "T" 字形障景

进门后广场与主要园路 "T" 字形连接，并设障景以引导。

（三）公园出入口的主要内容

公园主要出入口设计内容：园门、停车场、存车处、售票处、围墙等。有的大型公园的入口旁设有小卖部、邮电所、治安保卫部门、存放处、婴儿车出租处。国外公园的大门附近还有残疾人游园车出租。

公园主要入口前广场应退后于马路街道以内，形式多种多样。广场大小取决于游人量，或因园林艺术构图的需要而定。综合性公园主要大门，前、后广场的设计是总体规划设计中的重要组成部分之一。

公园出入口的主要内容包括以下三类：

1. 公园大门

公园为便于管理，界址四周多设园墙和大门，城市公园大门多位于城市主干道一侧，位置显著，成为城市空间中一个视觉中心。大门建筑功能很简单，主要由售票检票、出入口以及部分小卖、办公等用房组成，建筑面积要求不大，但由于公园大门是公园内外交通的咽喉，游人进园首先要经过大门。因此，大门建筑功能简单与环境作用显著之间的反差，使大门设计常常成为整个公园设计中的难点重点。

2. 园门内、外集散广场

园门内、外的集散广场，设有停车场、存车处，有时也设置一些装饰性的花坛、水池、喷泉、雕像、宣传性广告牌、公园导游图等，如图 7-1-11 和图 7-1-12 所示。

图 7-1-11　大门外广场

图 7-1-12　大门内广场

四、公园用地比例

公园内部用地比例应根据公园类型和陆地面积确定。其绿化、建筑、园路及铺装场地等用地的比例应符合表 7-1-1 的规定。

表 7-1-1 中 I、II、III 三项上限与 IV 下限之和不足 100%，剩余用地应供以下情况使用：

（1）一般情况增加绿化用地的面积或设置各种活动用的铺装场地、院落、棚架、花架、假山等构筑物；

（2）公园陆地形状或地貌出现特殊情况时园路及铺装场地的增值。

公园内园路及铺装场地用地，可在符合下列条件之一时按表 7-1-1 规定值适当增大，但增值不得超过公园总面积的 5%。

（1）公园平面长宽比值大于 3；

（2）公园面积一半以上的地形坡度超过 50%；

（3）水体岸线总长度大于公园周边长度。

表 7-1-1　公园内部用地比例　　　　　　　　　　　　%

陆地面积 S (hm²)	用地类型	公园类型												
		综合公园	儿童公园	动物园	专类动物园	植物园	专类植物园	盆景园	风景名胜公园	其他专类公园	居住区公园	居住小区公园	带状公园	街旁游园
S<2	Ⅰ	—	15~25	—	—	—	15~25	15~25	—	—	—	10~20	15~30	15~30
	Ⅱ	—	<1.0	—	—	—	<1.0	<1.0	—	—	—	<0.5	<0.5	—
	Ⅲ	—	<4.0	—	—	—	<7.0	<8.0	—	—	—	<2.5	<2.5	<1.0
	Ⅳ	—	>65	—	—	—	>65	>65	—	—	—	>75	>65	>65
2≤S<5	Ⅰ	—	10~20	10~20	—	10~20	10~20	—	—	10~20	10~20	—	15~30	15~30
	Ⅱ	—	<1.0	<2.0	—	<1.0	<1.0	—	—	<1.0	<0.5	—	<0.5	—
	Ⅲ	—	<4.0	<12	—	<7.0	<8.0	—	—	<5.0	<2.5	—	<2.0	<1.0
	Ⅳ	—	>65	>65	—	>70	>65	—	—	>70	>75	—	>65	>65
5≤S<10	Ⅰ	8~18	8~18	8~18	—	8~18	8~18	—	—	8~18	8~18	—	10~25	10~25
	Ⅱ	<1.5	<2.0	<1.0	—	<1.0	<2.0	—	—	<1.0	<0.5	—	<0.5	<0.2
	Ⅲ	>5.5	>4.5	>14	—	>5.0	>8.0	—	—	>4.0	>2.0	—	>1.5	>1.3
	Ⅳ	>70	>65	>65	—	>70	>70	—	—	>75	>75	—	>70	>70
10≤S<20	Ⅰ	5~15	5~15	5~15	—	5~15	—	—	—	5~15	—	—	10~25	—
	Ⅱ	<1.5	<2.0	<1.0	—	<1.0	—	—	—	—	<0.5	—	<0.5	—
	Ⅲ	>4.5	>4.5	>14	—	>4.0	—	—	—	>3.5	—	—	>0.5	—
	Ⅳ	>75	>70	>65	—	>75	—	—	—	>80	—	—	>70	—
20≤S<50	Ⅰ	5~15	—	5~15	—	5~10	—	—	—	5~15	—	—	10~25	—
	Ⅱ	<1.5	—	<1.5	—	<0.5	—	—	—	<0.5	—	—	<0.5	—
	Ⅲ	>4.0	—	>12.5	—	3.5	—	—	—	>2.5	—	—	>1.5	—
	Ⅳ	>75	—	>70	—	>85	—	—	—	>80	—	—	>70	—
S≥50	Ⅰ	5~10	—	5~10	—	3~8	—	—	3~8	5~10	—	—	—	—
	Ⅱ	<1.0	—	<1.5	—	<0.5	—	—	<0.5	<0.5	—	—	—	—
	Ⅲ	>3.0	—	>11.5	—	>2.5	—	—	>2.5	>1.5	—	—	—	—
	Ⅳ	>80	—	>75	—	>85	—	—	>85	>85	—	—	—	—

注：Ⅰ—园路及铺砖场地；Ⅱ—管理建筑；Ⅲ—游览、休憩、服务、公用建筑；Ⅳ—绿化用地。

五、园路的分布

园路是园林不可缺少的构成要素，是园林的骨架、脉络。它是贯穿全园的交通网，划分和联系着园林中的各景点和景区。所以，除了具有与一般道路相同的交通功能外，还有许多特有的功能和性质。其本身又是园林风景的组成部分，蜿蜒起伏的曲线，丰富的寓意，精美的图案，都给人以美的享受。因此，无论在外观造型上，还是在使用功能上，对园路的规划设计均有较高的要求。

（一）园路宽度

园路的宽度由公园的陆地面积来决定，如表 7-1-2 所示。

表 7-1-2　园路宽度　　　　　　　　　　　　　　　　　　m

园路等级	陆地面积/m²			
	$S<2$	$2 \leqslant S<10$	$10 \leqslant S<15$	$S>50$
主路	2.0～3.5	2.5～4.5	3.5～5.0	5.0～7.0
支路	1.2～2.0	2.0～3.5	2.0～3.5	3.5～5.0
小路	0.9～1.2	0.9～2.0	1.2～2.0	1.2～3.0

（二）园路的类型

园路的分类方式有许多种类，根据性质和功能分，可分为主干道、次干道、游步道、专用道。

1. 主干道：是全园的主要道路，是从公园主入口通向全园各景区中心、各主要建筑、主要景点、主要广场的道路。通过它对园内外景色进行剪辑，以引导游人欣赏景色。是公园内大量游人所要行进的路线，必要时可考虑少量管理用车的通行，道路两边应充分绿化，道路宽度一般在 3.5～6.0m。一般不超过 6m，以便形成两侧树木交冠的庇荫效果。另外，主干道的坡度不宜太大，纵坡 8% 以下，横坡 1%～4%，一般不设台阶，以便通车运输。

2. 次干道：分散在各景区，是各景区内的主道，引导游人到各景点、建筑、专类园，自成体系，组织景观，是主路的辅助道路。宽度一般为 2.0～3.5m。

3. 游步道：游步道又叫小路，供散步休息，引导游人进一步地深入到园林的各个角落，如山上、水边、树林，多曲折自由布置的小路。一般而言，单人行的园路宽度为 0.8～1.0m，双人行的路宽为 1.2～2.0m，应尽量满足二人并行的需求，如图 7-1-13 所示。

4. 专用道：是为便于园务运输、养护管理等的需要而建造的路。这种路往往与专门的入口连接，直通公园的仓库、餐馆、管理处、杂物院等处，并与主环路相通，以便把物资直接运往各景点。在古建筑、风景名胜区，园路的规划布置还应考虑消防的要求。

（三）园路的布局

公园道路的布局要从其使用功能出发，根据公园绿地内容和游人容量大小来定。要求因地制宜，主次分明，有明确的方向性。根据地形、地貌、风景点的分布、造景艺术以及园务活动的需要综合考虑，统一规划。

西方园林追求形式美、建筑美，多为规则式布局，园路笔直宽大，轴线对称，成几何形。中国园林多以山水为中心，园林也多采用自然式的布局，园路讲究含蓄，随地形和景物而曲折起伏，若隐若现，"路因景曲，景因曲深"，造成"山重水复疑无路，柳暗花明又一村"的情趣，以丰富景观，延长游览路线，增加层次景深，活跃空间气氛，如

图 7-1-14 所示。在庭园、寺庙园林或纪念性园林中，园路多采用规则式的布局。

图 7-1-13　台阶式步道

图 7-1-14　自然式园路

（四）园路线形设计

园路的线形设计是在总体布局的基础上进行的，可分为平曲线设计和竖曲线设计。平曲线设计包括确定道路的宽度、平曲线半径和曲线加宽等；竖曲线设计包括道路的纵横坡度、弯道、超高等。园路的线形设计应充分考虑造景的需要，以达到蜿蜒起伏、曲折有致；要与地形、水体、植物、建筑物、铺装场地及其他设施紧密结合，保证路基稳定和减少土方工程量，形成完整的风景构图；创造连续展示园林景观的空间或欣赏前方景物的透视线；路的转折、衔接通顺，要符合游人的行为规律。

园路的坡度设计要求先保证路基稳定的情况下，尽量利用原有地形以减少土方量。主路纵坡宜小于 8%，横坡宜小于 3%，粒料路面横坡宜小于 4%，纵、横坡不得同时无坡度。山地公园的园路纵坡应小于12％，超过12％应做防滑处理。主园路不宜设梯道，必须设梯道时，纵坡宜小于36％。支路和小路，纵坡宜小于18％。纵坡超过15％路段，路面应做防滑处理；纵坡超过18％，宜按台阶、梯道设计，台阶踏步数不得少于2级，坡度大于58％的梯道应做防滑处理，宜设置护栏设施。经常通行机动车的园路宽度应大于4m，转弯半径不得小于12m。园路在地形险要的地段应设置安全防护设施。通往孤岛、山顶等卡口的路段，宜设通行复线，须沿原路返回的，宜适当放宽路面。应根据路段行程及通行难易程度，适当设置供游人短暂休憩的场所及护栏设施。园路及铺装场地应根据不同功能要求确定其结构和铺装，面层材料应与公园风格相协调，并宜与城市车行路有所区别。

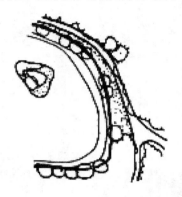 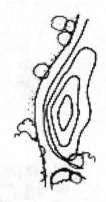

图7-1-15　弯道处理

（五）弯道的处理

园路在遇到建筑、山、水、树、陡坡等障碍或迂回曲折的地形地貌时，必然会产生弯道。弯道半径必须能满足通行要求，符合游人的行为规律，线形应流畅、优美、舒展。断面形式、尺度、路面材料的质感、色泽等应与周边环境协调。弯曲弧度要大，外侧高，内侧低，外侧应设栏杆，以防发生事故，如图7-1-15所示。

（六）园路交叉口处理

两条园路交叉或从一干道分出两条小路时，必然会产生交叉口。两条主干道相交时，交叉口应做扩大处理，做正交方式，形成小广场，以方便行车、行人。小路应斜交，但不应交叉过多，两个交叉口不宜太近，要主次分明，相交角度不宜太小。"丁"字交叉口是视线的交点，可点缀风景。上山路与主干道交叉要自然，藏而不显，又要吸引游人入山。纪念性园林路可正交。如图7-1-16所示。园路的交叉要注意几点：

1. 避免多路交叉。这样路况复杂，导向不明。
2. 尽量靠近正交。锐角过小，车辆不易转弯，人行要穿绿地。
3. 做到主次分明。在宽度、铺装、走向上应有明显区别。
4. 要有景色和特点。尤其三岔路口，可形成对景，让人记忆犹新而不忘。

（七）园路与建筑的关系

在园路与建筑物的连接处，常常能形成路口。从园路与建筑相互连接的实际情况来看，一般都是在建筑近旁设置一块较小的缓冲场地，园路则通过这块场地与建筑连接。但一些起过道作用的建筑，如游廊、花架等，常不设缓冲小场地。园路通往大建筑时，为了避免路上游人干扰建筑内部活动，可在建筑前面设集散广场，使园路由广场过渡再和建筑联系；园路通往一般建筑时，可在建筑面前适当加宽路面，或形成分支，以利游人分流。园路一般不穿过建筑物，而从四周绕过，如图7-1-17～图7-1-20所示。

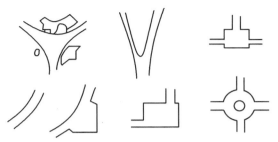

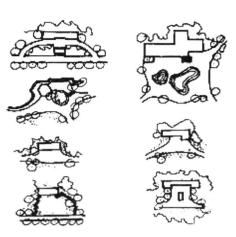

图 7-1-16　弯道与交叉口　　　　　　　　　　图 7-1-17　园路与建筑

图 7-1-18　道路从建筑中穿过

图 7-1-19　道路与花架　　　　　　　　图 7-1-20　道路广场与花架

（八）园路与桥

桥是园路跨过水面的建筑形式，其风格、体量、色彩必须与公园总体设计、周围环境相协调一致，如图7-1-21、图7-1-22所示。园桥具有三重作用：

1. 是悬空的道路，可组织游览路线，有交通功能，并可变换游人观景的视线角度；

2. 是凌空的建筑，不但点缀水景，其本身常常就是园林一景，在景观艺术上有很高价值，往往超过其交通功能；

3. 分隔水面，增加水景层次，赋予构景的功能，在线（路）与面（水）之间起中介作用。

图7-1-21　园路与桥（一）　　　　　　　　图7-1-22　园路与桥（二）

在自然山水园林中，桥的布置同园林的总体布局、道路系统、水体面积、水面的分隔或聚合等密切相关。园桥应设在水面较窄处，桥身应与岸垂直，创造游人视线交叉，以利观景。一般大水面架桥，又位于主要建筑附近，宜宏伟壮丽，重视桥的体型和细部表现；小水面架桥，则宜轻盈质朴，简化其体型和细部。水面宽广或水势湍急者，桥宜较高并加栏杆；水面狭窄或水流平缓者，桥宜低并可不设栏杆。水陆高差相近处，平桥贴水，过桥有凌波信步亲切之感；沟壑断崖上危桥高架，能显示山势的险峻。水体清澈明净，桥的轮廓需考虑倒影；地形平坦，桥的轮廓宜有起伏，以增加景观的变化。此外，还要考虑人、车和水上交通的要求。

汀步，即小溪间的几块石头，园桥的一种特殊形式，步距以60～70cm为宜，如图7-1-23所示。

图7-1-23　汀步

园桥如通行车辆，汽车荷载等级可按汽车—10 级计算；非通行车辆的园桥应有阻止车辆通行的措施，桥面人群荷载按 $3.5kN/m^2$ 计算。作用在园桥栏杆扶手上的竖向力和栏杆顶部水平荷载均按 $1.0kN/m^2$ 计算。

六、公园中广场布局

公园中广场主要指面积相对较大，空间较为开阔的铺装场地或疏林草地，其主要功能是为了满足游人集散、活动、演出、赏景、休憩等要求。一般公园中广场布局应满足其功能，如内容丰富的售票公园游人出入口内、外集散场地的面积下限指标以公园游人容量为依据，按 $500m^2$/万人计算；安静休憩场地应利用地形、植物与喧闹区隔离；演出场地应有方便观赏的适宜坡度和观众席位。

公园中广场形式有自然式、规则式两种，按其主要功能可分为集散广场、休息广场、生产广场，如图 7-1-24 和图 7-1-25 所示。

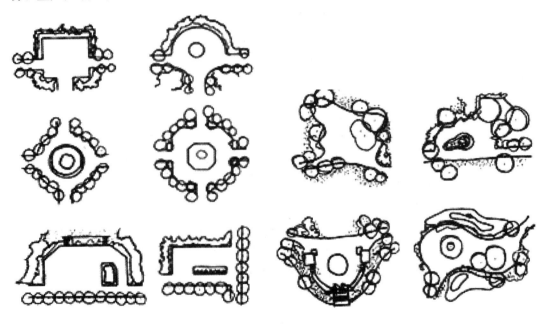

图 7-1-24 规则式广场布置示意图   图 7-1-25 自然式广场布置示意图

1. **集散广场**：一般情况下分布在出入口前后、大型建筑前面、主干道交叉口处。主要功能是集中、分散人流。

2. **休息广场**：以供游人休息为主，多布局在公园的僻静之处。与道路结合，方便游人到达；与地形结合，如在山间、林间、临水，借以形成幽静的环境；与休息设施结合，如廊、架、花台、座凳、铺装地面、草坪、树丛等，以利游人休憩赏景。

3. **生产广场**：为园务管理服务的场地，一般可作为晒场、堆场等。公园中广场排水的坡度应大于 1%，在树池四周的广场应采用透气性铺装，范围为树冠投影区。

七、公园中的建筑

公园中的建筑形式要与其性质、功能相协调，全园的建筑风格应保持统一。公园中建筑的作用主要是创造景观、开展文化娱乐活动和防风避雨等，公园中的主题建筑通常会成为公园的中心、重心，如图 7-1-26 所示。

图 7-1-26　公园主建筑

公园中的建筑按其功能常有以下几种：

（一）公园中管理建筑

公园中的管理建筑，如：变电室、泵房、办公室等，在设置时既要隐蔽，又要有明显的标志，以方便游人使用。公园其他工程设施也要满足游览、赏景、管理的需要，如动物园中的动物笼舍等要尽量集中，以便管理。

（二）公园中游览、休憩性建筑

游览、休憩性建筑物主要指亭、台、楼阁、廊、花架、厅堂、建筑小品等，设计应与地形、地貌、山石、水体、植物等其他造园要素统一协调。其建筑本身要讲究造型艺术，要有统一风格，不要千篇一律。个体之间又要有一定变化对比，要有民族形式、地方风格、时代特色。游览、休憩性建筑要与自然景色高度统一，做到"高方欲就亭台，低凹可开池沼"。以植物色、香、味、意来衬托建筑，色彩要明快，起画龙点睛的作用，具有审美价值。游览、休憩建筑的室内净高不应小于 2.0m，亭、廊、花架、敞厅等的楣子高度应考虑游人通过或赏景的要求，如图 7-1-27、图 7-1-28 所示。

（三）公园中服务性建筑

公园中服务性建筑有餐厅、小卖部、园椅（图 7-1-29）、园凳、厕所（图 7-1-30）等。

1. 餐厅、小卖部的规模应与游人容量相适应。

2. 厕所建筑物的位置应隐蔽又方便使用。面积大于 10hm² 的公园，应按游人容量的 2% 设置厕所蹲位（包括小便斗位数），小于 10hm² 者按游人容量的 1.5% 设置。男女蹲位比例为（1～1.5）:1。厕所的服务半径不宜超过 250m；各厕所内的蹲位数应与公园内的游人分布密度相适应；在儿童游戏场附近，应设置方便儿童使用的厕所；公园宜设方便残疾人使用的厕所。

3. 公用的园凳、座椅、美人靠等，其数量应按游人容量的 20%～30% 设置。平均每公顷陆地面积上的座位数量最低不得少于 30 个，最高不得超过 150 个，分布应合理。

图 7-1-27　廊

图 7-1-28　舫

图 7-1-29　园椅

图 7-1-30　卫生间

八、公园中的电力电信设施

公园中由于有照明、交通、游具、通信的需要，电力电信设施是必不可少的。园内照明宜采用分线路、分区域控制；电力线路及主园路的照明线路宜埋地敷线，架空线必须采用绝缘线；公共场所的配电箱应加锁，并宜设在非游览地段；园灯接线盒外罩应考虑防护设施；动物园和晚间开展大型游园活动、装置电动游乐设施、有开放性地下岩洞或架空索道的公园，应按两条电路电源供电设计，并应设自投装置；有特殊需要的应设自备发电装置。园内照明设施如图 7-1-31、图 7-1-32 所示。

图 7-1-31　园灯（一）　　　　　　　　　　图 7-1-32　园灯（二）

九、公园的地形处理

地形是构成园林的骨架，主要包括平地、土丘、丘陵、山峦、山峰、凹地、谷地、坞、坪等类型。地形的利用和改造，将影响到公园的布局形式、建筑布局、植物配置、景观效果、给排水工程、小气候形成等诸因素。所以公园地形处理，应以公园绿地需要为主题，充分利用原地形、景观，创造出自然和谐的景观骨架。结合公园外围城市道路规划标高及部分公园分区内容和景点建设要求进行，要以最少的土方量来丰富园林地形。

公园中为了丰富园林空间层次，创造园林景观，地形的变化处理是不可缺少的。往往根据公园用地的地形特点，因地制宜，"高方欲就亭台，低凹可开池沼"，如图 7-1-33 所示。

公园设计中，山水处理是常见的地形处理，如南方公园利用原有山丘和水体进行改造，北方公园常由人工创造山体和水景。在设计时常为北用山地，南用水体，建筑物应设计在山地平坦台地之上，与水体结合，以利于游人观赏休息。

规则式园林的地形处理，主要是应用直线和折线，通过台阶，创造不同高程平面的布局。在规则式园林中，水体主要是以长方形、正方形、圆形或椭圆形为主要造型的水渠、水池，一般渠底、池底也为平面，在满足排水的要求下，标高基本相等。

自然式园林的地形处理，首先要根据公园用地的地形特点，一般包括原有水面或低洼沼泽地、城市中河网地、地形多变且起伏不平的山林地等几种形式。无论上述哪种地形，基本的手法，即为《园冶》中所讲的"高方欲就亭台，低凹可开池沼"的"挖湖堆山"法。即使一片平地，也是"平地挖湖"，将挖出的土方堆成人造山。

图 7-1-33　跌水

十、公园的给排水设计

（一）给水

公园的给水应根据植物养护灌溉、景观水体大小、游人饮用水量、卫生和消防的实际供需确定。给水水源、管网布置、水量、水压应做配套工程设计，公园中设计人工水池、喷泉、瀑布时，给水原则应以节约为主。

园林植物养护用的灌溉系统应与种植设计配合，喷灌或滴灌设施应分段控制，浇水龙头和喷嘴在不使用时应与地面水平。喷灌设计应符合《喷灌工程技术规范》（GB/T 50085）的规定。喷泉应采用循环水，并防止水池渗漏；取用地下水或其他废水，以不妨碍植物生长和污染环境为准。喷泉设计可参照《建筑给水排水设计规范》（GB 50015）的规定。饮水站的饮用水和天然游泳池的水质必须保证清洁，符合国家规定的卫生标准。在冬季严寒地区室外灌溉设备、水池，必须考虑防冻措施。木结构的古建筑和古树的附近，应设置专用消防栓。

（二）排水

公园的污水应接入城市活水系统，不得在地表排泄或排入湖中，可设明沟和暗沟排水系统，引导雨水有明确的排放去向，防止地表径流。

十一、公园植物种植设计

公园的规划布局中，植物种植起着主导作用，不仅创造良好的生态环境，还为游人创造游览、休息、接近自然的景观环境，为建筑和各景区活动的开展创造优美的背景烘托。

（一）公园绿化种植布局

公园绿化种植应根据当地自然地理环境、城市特点、市民爱好，利用植物乔、灌、草相结合，进行合理布局，创造优美景观。既要做到充分绿化、遮阳、防风，又要满足游人日光浴等需要，如图 7-1-34 所示。

图 7-1-34　公园水景

1. 为了公园整体绿地景观的形成，一般用 2～3 种树，形成统一基调。全园的常绿树与阔叶树应有一定的比例，一般在华北地区常绿树占 30％～40％，落叶树 60％～70％；华中地区，常绿树 50％～60％，落叶树 40％～50％；华南地区常绿树 70％～80％，落叶树 20％～30％，这样做到四季景观各异，保证四季常青。

2. 在娱乐区、儿童活动区，为创造热烈气氛，可选用红、橙、黄等暖色调植物花卉；在安静休息区或纪念区，为了保证自然肃穆的气氛，可选用绿、紫、蓝等冷色调植物花卉。在重要地区，如主入口，主要景观建筑附近，重点景观区，主干道的行道树，宜选用移植大苗来进行植物配置；其他地区，则可用合格的出圃小苗。使快生与慢长的植物品种相结合种植，以尽快形成绿色景观效果。在公园游览休息区，要形成植物的季相动态构图，做到春观花、夏纳荫、秋观叶品果、冬赏干观枝。

（二）公园绿化种植设计

1. 公园出入口绿化设计

大门是公园主要出入口，大都面向城镇主干道。绿化设计时应注意丰富街景并与大

图 7-1-35　植物造景

门建筑风格相协调，同时还要突出公园的特色。大门是规则式建筑，用对称式布置绿化；是不对称式建筑，则要用非对称方式或自然式来布置绿化。大门前的停车场，四周可用乔、灌木绿化，以便夏季遮阳及隔离周围环境；在大门前可用花池、花坛、灌木与雕像来装饰，也可铺设草坪，种植花灌木，但不应有碍视线，且利于组织交通和游人集散，如图 7-1-35 所示。

2. 公园道路广场绿化设计

公园主要干道绿化可配置高大、荫浓的乔木，两旁布置耐阳的花卉植物，但在配植上要有利于交通。根据地形、建筑、风景的需要，随园路起伏、蜿蜒，绿化需要丰富多彩，达到步移景异的目的。山水园的园路多依山面水，绿化应点缀风景而不碍视线。平地处的园路可用乔灌木树丛、绿篱、绿带来分隔空间，使园路高低起伏，时隐时现；山地则要根据其地形的起伏、环路，绿化有疏有密；在有风景可观的山路外侧，宜种矮小的花灌木及草花，才不影响景观；在无景可观的道路两旁，可以密植、丛植乔灌木，使山路隐在丛林之中，形成林间小道。园路交叉口是游人视线的焦点，可用花灌木点缀。另外注意：通行机动车辆的园路，车辆通行范围内不得有低于 4.0m 高度的枝条。方便残疾人使用的园路边缘的种植不宜选用硬质叶片的丛生型植物或有刺的植物。

广场绿化既不要影响交通，又要形成景观。如休息广场，四周可植乔木、灌木，中间布置草坪、花坛，形成宁静的气氛。停车铺装广场，应留有树穴，种植落叶大乔木，利于夏季遮阳，种植树木间距应满足车位、通道、转弯、回车半径的要求。庇荫乔木枝下净空的标准为：大、中型汽车停车场大于 4.0m；小汽车停车场大于 2.5m；自行车停车场大于 2.2m。场内种植池宽度应大于 1.5m，并应设置保护设施。疏林草坪广场，应与地形相结合种植花草、灌木、乔木、草坪。

3. 公园建筑、小品旁绿化设计

建筑、小品附近可设置花坛、花台、花境。展览室、游艺室内可设置耐阴花木，门前可种植荫浓冠大的落叶大乔木或布置花台等。沿墙可利用各种花卉境域，成丛布置花灌木。所有树木花草的布置都要和建筑、小品协调统一，与周围环境相呼应，四季色彩变化要丰富，给游人以愉快之感。

4. 公园各功能区绿化设计

文化娱乐区绿化要求以花坛、花境、草坪为主，便于游人集散。铺装场地上应留出树穴，供栽种大乔木。该区内，一般适当点缀几株常绿大乔木，不宜多种灌木，以免妨碍游人视线，影响交通。

儿童活动区绿化应选用生长健壮、冠大荫浓的乔木，忌用有刺、有毒或易过敏的植物。该区四周应栽置浓密的乔、灌木，与其他区域相隔离。如有不同年龄的少年儿童分区，也应用绿篱、栏杆相隔，以免相互干扰。活动场地中要适当疏植大乔木，供夏季遮阳，夏季庇荫面积应大于游人活动范围的50%；在出入口可设立塑像、花坛、山石或小喷泉等，配以体形优美、色彩鲜艳的灌木和花卉，以增加儿童的活动兴趣。

游览休息区以生长健壮的几个树种为骨干，突出周围环境季相变化的特色。在植物配植上根据地形的高低起伏和天际线的变化，采用自然式配植树木。在林间空地中可设置草坪、亭、廊、花架、座凳等，在路边或转弯处可设月季园、牡丹园、杜鹃园等专类园，如图 7-1-36 所示。

图 7-1-36 牡丹专类园

体育运动区绿化应选择生长较快、高大挺拔、冠大而整齐的树种，以利夏季遮阳，但不宜用那些易落花、落果、飞絮的树种。球类场地四周的绿化要离场地5～6m，树种的色调要求单纯，以便形成绿色的背景。不要选用树叶反光发亮的树种，以免刺激运动员的眼睛。在游泳池附近可设置花廊、花架，不可种带刺或夏季落花落果的花木。日光浴场地周围应铺设柔软耐践踏的草坪。

园务管理区要根据各项活动的功能不同，因地制宜进行绿化，但要与全园的景观相协调。

任务二　纪念性公园设计

【知识点】

了解纪念性公园的设计原则。

掌握纪念性公园功能分区和绿化种植设计。

【技能点】

能够根据纪念性公园特点设计合理的纪念性公园绿地方案。

能够合理统筹各分区绿地，形成完整绿地系统。

相关知识

一、纪念性公园的性质与任务

1. 纪念性公园的性质

纪念性公园是为了纪念著名历史人物、重大历史事件、革命烈士、革命活动发生地等而设置的公园，如孙文纪念公园、鲁迅纪念公园、广州起义烈士陵园等。

2. 纪念性公园的任务

纪念性公园的任务就是供后人瞻仰、凭吊和开展纪念性活动，还可供游人游览、休息和观赏等，从而激发人们的思想情感。

二、纪念性公园的规划原则

纪念性公园不同于一般的公园，在公园内容及布局的形式上均有其特点，因此，必须从公园的性质出发，综合考虑公园的任务，创造出既有纪念性特色，又有游览观赏价值的园林。其原则为：

1. 布局形式应采用规则式，特别是在纪念区，在总体规划图中应有明显的主轴线干道。

2. 地形处理，在纪念区应为规则式的平地或台地，主体建筑应安排在园内最高点处。

3. 在建筑的布局上，以中轴对称的布局方式为原则，主体建筑应在中轴的终点或轴线上，在轴线两侧，可以适当布置一些配体建筑，主体建筑可以是纪念碑、纪念馆、墓地、雕塑等。在纪念区，为方便群众的纪念活动，应在纪念主体建筑前方，安排有规则式广场，广场的中轴线应与主体建筑轴线在同一条直线上。

4. 在树种规划上，纪念区以具有某些象征意义的树种为主，如松柏等，而在休息区则营造一种轻松的环境，在这点上应与纪念区有所差别。

三、功能分区与设施

纪念性公园在分区上不同于综合性公园，一般可分为以下两个功能分区。

1. 纪念区

该区由纪念馆、碑、墓地、雕像等组成。构图手法多采用规则式，来突出主体形象，创造严肃、庄重的纪念性意境。一般位于大门的正前方，从公园大门进入园区后，直接进入视线的就是纪念区。在纪念区由于游人相对较多，因此应有一个集散广场，此广场与纪念物周围的广场可以用树木、绿篱或其他建筑来隔开，如果纪念性主体建筑位于高台之上，则可不必设置隔离带，如图7-2-1所示。

图 7-2-1 纪念区主题雕塑

2. 园林区

园林区不管在种植上还是在地形处理上主要以自然式布局为主。在地形处理上要因地制宜，自然布局，一些在综合性公园内的设施均可在此区设置，如花架、亭、廊等建筑小品，还应设置一些水景，一些休息性的座椅等，其主要作用是为游人创造一个良好的游览、观赏和休息的环境。一般在纪念性公园内，游人除了进行纪念活动外，还要在纪念活动之后，在园内进行游览或开展娱乐活动，因此，设置此区可以调节人们紧张激动的情绪，如图7-2-2所示。

对于纪念性墓地为主的纪念性公园，一般墓地本身不会过于高大，因此，为使墓地本身在构图中突出，应在墓地周围避免设置其他建筑物，同时，还应使墓地三面具有良好的通视性，而另一面应布置松柏等常绿树种，以象征革命烈士永垂不朽的革命精神。

四、纪念性公园的绿化种植设计

纪念性公园的种植设计，应与公园的性质及内容相协调，但由于公园有不同的功能分区，因此，在植物选择上有较大区别。

1. 出入口

为突出纪念性公园的纪念效果，出入口两侧绿化用规则式种植常绿树种。入口广场上布置花坛和喷泉。在满足停车及疏散游人的条件下，可适当种植造型上修剪整齐的植物，这样可以与园内规则式布局相协调一致，广场周围以常绿乔木和灌木为主，突出其庄严、肃穆的气氛。

图 7-2-2　鲁迅公园中的园林区

2. 纪念区

纪念馆、碑、雕塑及墓地等在植物布局上，以规则式种植方式为主，如列植、对植、整形修剪等方式栽植常绿树种。

在纪念性公园中纪念碑一般位于纪念广场的几何中心，所以在绿化种植上应与纪念碑相协调，为使主体建筑具有高大雄伟之感，在种植设计上，纪念碑周围以草坪为主，可以适当种植一些具有规则形状的常绿树种，如桧柏、黄杨球等，而周围可以用松柏等常绿树种作背景，适当点缀一些红色花卉与绿色草坪形成强烈对比，也可寓意先烈用鲜血换来今天的幸福生活，激发人们的爱国精神。

纪念馆一般位于广场的某一侧，建筑本身应采用中轴对称的布局方法，周围其他建筑与主体建筑相协调，起陪衬作用，在纪念馆前，用常绿树按规则式种植，以达到与主体建筑相协调的目的。在常绿树前可种植大面积草坪，配置一些花灌木，以达到突出主体建筑的作用。

3. 园林区

园林区以绿化为主，可以缓和游人在此处参观纪念区时的严肃紧张的气氛。在种植上应因地制宜，结合地形，按自然式布置植物，特别是一些树丛、灌木丛，是最常用的自然式种植方式。另外，植物在配置中，应注意色彩的搭配、季节变化及层次变化，在树种的选择上应注意与纪念区有所区别。结合本地区特点，合理地多选择观赏价值高、开花艳丽、姿态优美的树种，创造欢乐的气氛。自然式种植的植物群落可以调节人们紧张低沉的心情，创造四季不同的景观，满足游人在不同季节的观赏游憩的需求。

五、纪念性公园的道路系统规划

纪念性公园的道路系统规划可分为两个部分：一部分为纪念区道路系统，另一部分为园林区道路系统。

1. 纪念区

纪念区在道路布置上，常与广场结合起来，纪念区的中轴线与主路轴线在同一条直线上，在道路两侧采用规则式种植方式，常以绿篱、常绿树为主，使游人的视线集中在纪念碑、雕塑上。道路宽度一般在 7～10m，以达到通透的效果。

2. 园林区

园林区道路随地形变化常采用自然式，道路两侧的绿化也为自然式种植。为了保证纪念区与园林区过渡自然，在园林区与纪念区道路连接处的位置选择上，应选择在纪念区的后方或在纪念区与出入口之间的某一位置，最好不要选择在纪念区的纪念广场边缘处，因为那样会破坏纪念区的布局风格，也会影响纪念区庄严、肃穆的气氛。

任务三　体育公园规划设计

【知识点】

了解体育公园的设计原则。

掌握体育公园的绿化设计要点。

【技能点】

能够根据体育公园特点设计合理的体育公园绿地方案。

能够合理统筹各分区绿地，形成完整绿地系统。

相关知识

随着经济的发展，城市生活的快节奏，人们生活水平的不断提高，越来越多的人对休闲锻炼开始重视，对锻炼场地的要求也越来越高。为了满足人们这种需求，许多城市开始修建各种体育场馆、体育公园和没有大型建筑的公园，专供群众开展体育性活动和日常锻炼，这些就是我们常说的体育公园。考虑到市民锻炼休闲的方便，体育公园选址应在居民小区聚集区附近。

体育公园为了可以举办一些大型体育活动，应建有生态篮球场、网球场、排球场、旱冰场和游泳馆，还应设有一些儿童娱乐场、休闲长廊，公园将铺设休闲大草坪，同时还将配置一些商业设施，并提供停车场。如位于西安北城经济开发区的西安城市运动公园，占地约 800 亩，2006 年修建完工，对市民正式开放。

一、体育公园的性质与任务

体育公园的性质是为市民开展体育活动、锻炼身体提供场所。其任务分为两类：一类是具有完善设施的体育场馆，其一般占地面积较大，可以开展大型运动会；另一类是在城市中开辟一块绿地，安置一些体育活动设施，如各种球类运动场地及一些大众化的锻炼身体的设施，为群众的体育活动创造必要的条件。

二、体育公园的规划设计原则

1. 体育场设计原则为紧凑、安全、适用、舒适、灵活、经济，充分体现体育设施的表演化、娱乐化、国际化、商业化。空间造型在满足功能的前提下和结构新颖、经济的原则相结合，突出体育公园的主题和内涵。

2. 体育馆设计原则有利于比赛的组织和管理，设计创意为在平面功能得以满足的基本前提下，力求体现一种生态的理念，体现奥运精神。

3. 游泳馆设计原则为比赛与大众体育锻炼相结合，水上项目与陆地运动共存，空间立意在突出烘托主体育场的空间表现下，与主体育馆寻求共同母题。

4. 园林区各空间布置合理，使不同年龄、不同爱好的人能各得其所。

5. 植物配置应以污染少、观赏价值高的植物种类为主进行绿化。

三、体育公园的功能分区

1. 室内场馆区：安排体育馆、室内游泳馆、附属建筑，在建筑周围设置最大容量的停车场及集散广场，用花坛、草坪、高大乔木美化景观。

2. 室外体育活动区：设计规范的室外活动场地，并设有看台。大型体育公园除了设有一个封闭式的标准运动场外，还可建造一个开放式的小型运动场，以便广大市民日常健身。

3. 园林区：在不影响体育活动的前提下，应尽可能增加绿地的面积，以改善小气候和创造优美的环境。必要时还可配套一些儿童游乐设施，安排一些小场地，布置一些桌椅，以满足老年人在此打牌、下棋等活动内容。

四、体育公园绿化设计

（一）出入口

出入口附近，绿化应简洁、明快，可以结合具体场地情况，设置一些花坛和草坪。如果与停车场结合，可以用嵌草铺装。在花坛花卉的色彩配置上，应以具有强烈运动感的色彩配置为主，特别要采用互补色的搭配，这样可以创造一种欢快、活泼、轻松的气氛。

（二）体育馆

体育馆周围绿化，一般在出入口处应该留有足够的空间，以方便游人的出入，在出入口前布置一个空旷的草坪广场，可以疏散人流，但是要注意草种应选择耐践踏的品种。结合出入口的道路布置，可以采用道路—草坪砖草坪—草坪的形式布置。在体育馆周围，应种植一些乔木树种和花灌木来衬托建筑本身的雄伟。道路两侧可以用绿篱来布置，以达到组织导游路线的目的。

（三）体育场

体育场面积较大，一般在场地内布置耐践踏的草坪，如结缕草、狗牙根和早熟禾类中的耐践踏品种。在体育场的周围，可以适当种植一些落叶乔木和常绿树种，夏季可以为游人提供乘凉的场所，但是要注意不宜选择带刺的或对人体皮肤有过敏反应的树种。

（四）园林区

园林区是绿化设计的重点，要求在功能上既要有助于一些体育锻炼的特殊需要，又能起到美化整个公园的环境和改善小气候的作用。因此，在树种选择及种植方式上均应有特色。

在树种选择上，应选择具有良好的观赏价值和较强适应性的树种，一般以落叶乔木为主，北方地区常绿树种应少些，南方地区常绿树种可适当多些。为提高整个公园的美化效果，还应该增加一些花灌木。

【思考与练习】

1. 综合性公园通常可分哪些功能区？其设计的原则是什么？
2. 简述儿童活动区设计时的注意事项。
3. 什么叫纪念性公园？纪念性公园通常可设哪些功能区？纪念性公园设计的要点是什么？
4. 什么叫体育公园？体育公园通常可设哪些功能区？体育公园设计的要点是什么？
5. 简述世界体育公园的发展情况。

技能训练

小型公园规划设计

一、实训目的

掌握公园规划设计的整个程序和方法步骤，理解掌握公园规划设计的相关知识。

二、材料用具

皮尺、测量仪器等。

三、方法步骤

1. 现场勘察与分析，调查当地的地理位置、地质地貌、气候、土壤、植物等资料，了解当地的环境情况。
2. 完成概念设计（初步设计）。
3. 绘制该小型公园的平面图（图 7-3-1 仅供参考）。

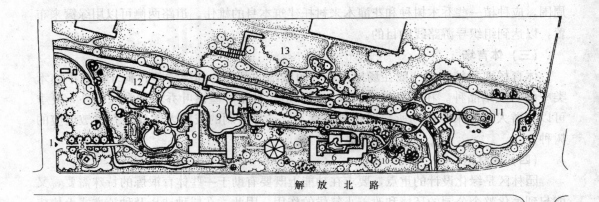

图 7-3-1 某水上公园平面图

1—正门；2—园门；3—兰香生满路亭；4—竹篱茅舍；5—水榭；6—兰棚；7—白塔；8—狭道相迎；
9—水景石；10—小桥流水杜鹃山；11—兰色结春光；12—接待室；13—扩建区

项目八　屋顶花园设计

【内容提要】

屋顶花园建设是随着城市人口增多和建筑密度增大而出现的，是城市园林绿化向立体空间发展，拓展绿色空间，扩大城市多维自然因素的一种绿化美化形式。不仅为市民创造更具新意的活动空间，美化环境，增加城市绿化覆盖率，达到保护和改善城市环境，健全城市生态系统的目的，促进城市经济、社会和环境的可持续发展，同时，屋顶花园还能陶冶人们的情操，树立良好的城市形象。本项目就居住区屋顶花园设计和公共游憩性屋顶花园设计两个任务进行阐述，通过本项目的学习，使同学们掌握各类屋顶花园的设计方法，为以后进行园林设计岗位的工作奠定基础。

任务一　居住区屋顶花园设计

【知识点】

掌握居住区屋顶花园概念、构成要素及特点。
掌握居住区屋顶花园的小品及种植设计。

【技能点】

能够熟读居住区屋顶花园平面图。
能够对居住区屋顶花园进行规划设计。

相关知识

一、居住区屋顶花园的概念与构成要素

1. 概念

居住区屋顶花园是指在居住区建筑物和构筑物的顶部、城围、桥梁、天台、露台或是大型人工假山山体等之上所进行的绿化装饰及造园活动。居住区屋顶花园建设的重点是根据居住区屋顶的结构特点及屋顶上的生境条件，选择生态习性与之相适应的植物材料（树木、花卉、草坪、瓜果及蔬菜等），通过一定的造园技术艺法，创造丰富的城市景观，如图 8-1-1 所示。

图 8-1-1　屋顶绿化

2. 构成要素

屋顶花园的构成要素分为基质和地形、雕塑和建筑、假山和置石、水景、植物、园路等。

（1）基质

屋顶绿化所用的基质与其他绿化的基质有很大的区别，要求肥效充足而又轻质。为了充分减轻荷载，土层厚度应控制在最低限度。一般栽植草皮等地被植物的泥土厚度需 10～15cm；栽植低矮的草花，泥土厚度需 20～30cm；灌木土深 40～50cm；小乔木土深 60～75cm，草坪与乔灌木之间以斜坡过渡。

（2）植物

选用植株矮、根系浅的慢生植物。高大的乔木根系深、树冠大，在屋顶上风力大、土层薄的环境中容易被风吹倒，若加厚土层，会增加重量，加大建筑的荷载。而且，乔木发达的根系往往还会深扎穿透防水层而造成渗漏。若植物生长得过快，会增加植物的荷载，而且会增加养护管理的费用，因此，屋顶花园一般应选用比较低矮、根系较浅的慢生植物。

（3）假山

屋顶花园的假山置石与露地造园的假山工程相比，仅作独立性或附属性的造景布置，只能观不能游。由于屋顶上空间有限，又受到结构承重能力的限制，因而不宜在屋顶上兴建大型可观、可游的以土石为主要材料的假山工程。

屋顶花园上适宜设置以观赏为主、体量较小而分散的精美置石。可采用特置、对置和群置等布置手法，结合屋顶花园的用途和环境特点，运用山石小品作为点缀园林空间和陪衬建筑、植物和道路的手段。独立式精美置石一般占地面积小，由于它为集中荷重，其位置应与屋顶结构的梁柱结合，如图 8-1-2 所示。

图 8-1-2　屋顶花园的假山

为了减轻荷重，在屋顶上如果需要建造较大型假山置石时，最好采用人造假山石做法。塑石可用钢丝网水泥砂浆塑成或用玻璃钢成型。

（4）水体

各种水体工程是屋顶花园重要组成部分，形体各异的水池、叠水、喷泉以及观赏鱼池和水生种植池等为屋顶有限空间提供了精彩的景物，但要考虑荷载问题，如图 8-1-3 所示。

（5）雕塑

屋顶花园中设置少量人物、动物、植物、山石以及抽象几何形象的雕塑，可以增加园林景观亮点，还可以陶冶游人的情操，美化人们的心灵。为充实屋顶花园的造园意境，选用题材应不拘一格，形体可大可小，刻画的形象可自然可抽象，表达的主题可严肃可浪漫。

根据屋顶的空间环境和景物的性质，还可利用雕塑作为造园标志。设在屋顶上的雕塑应注意特定的观赏角度和方位，决不可孤立地研究雕塑本身，应从它处于屋顶花园的平面位置、体量大小、色彩、质感以及背景等多方面进行考虑，甚至还要考虑它的方位朝向、日照、光线起落、光影变化和夜间人工光线的照射角度等。

（6）亭廊等园林建筑小品

主要是用于点景、休息、遮阴或攀缘植物，美化和丰富屋顶花园景观，如图 8-1-4 所示。

图 8-1-3 屋顶花园的水体

图 8-1-4 屋顶花园的廊架

（7）园路铺装

屋顶花园除植物种植和水体外，工程量较大的是道路和场地铺装，如图 8-1-5 所示。园路铺装是做在屋顶楼板、隔热保温层和防水层之上的面层。面层下的结构和构造做法一般由建筑设计确定，屋顶花园的园路铺装应在不破坏原屋顶防水、排水体系的前提下，结合屋顶花园的特殊要求进行铺装面层的设计和施工。

二、居住区屋顶花园的特点

1. 居住区屋顶花园是与建筑同步统一规划与建造的

住宅建筑上不同形式的屋顶花园都是在居住区开发时经过统一规划和

图 8-1-5 屋顶花园的园路铺装

图 8-1-6 屋顶花园多为几何形状

设计，并同住宅建筑同步建造的，其目的就是用来为住户提供营造花园的场所。

2. 居住区屋顶花园空间大小有限，且形状多为规则几何形状

作为户型构造的一部分，居住区屋顶花园的空间相对于公共建筑的屋顶花园来说是较小的。多数户型的面积在 $100m^2$ 左右，虽然空间有限，但若能合理进行设计，营造一个精致、美观，体现个性与审美情趣的花园还是可行的，如图 8-1-6 所示。

另外，由于建筑结构的缘故，营造屋顶花园的场所的平面均为规则的几何形状，并且立面变化也不丰富。这里可以将各种形式的居住区屋顶花园空间分为三种基本形态的空间：狭长形空间、方形空间、成角形空间（在空间构成上具有转角，如 L 形、U 形的空间都属于此类）。对于其余一些形状的空间，可以看成是以上三种基本形态空间的组合形式。

3. 居住区屋顶花园既同室内空间相联系，又同外界环境相联系

居住区屋顶花园一般同某个室内功能空间相连，成为室内空间向外界环境的过渡和延伸。各种形式的屋顶花园一般同客厅、书房、餐厅或卧室等室内空间保持紧密联系。例如在可达性上，屋顶花园同这些空间是直接连通的，所以户主可以便捷地在空间之间来往走动；另外在视觉上空间之间也保持通透，各花园和室内空间之间要么直接连通，没有任何阻隔，要么通过宽大的玻璃门窗进行隔断，但玻璃的透明性使得花园和室内空间保持视觉上的通透与联系，从而使得人们在室内空间中休息活动时也能欣赏到花园中的美景。

另外，花园空间又是同外界环境相通的，各居住区屋顶花园总有一些观赏面是向外界环境开放的，例如作为边界的栏杆或护栏，其没有形成完全的封闭，在这些地方，屋顶花园可以接触日光、空气、风雨等自然因素，同时人们的视线可以越过这些面，观赏外界自然景观，同时来自外界环境中的视线，也能直接了解、感知屋顶花园这部分空间的形态与外观，所以屋顶花园也是同外界环境相联系的，在这里形成了花园空间同外界环境的相互流入或流出。

4. 居住区屋顶花园是住宅上人为化了的自然环境

居住区屋顶花园正是用来为人们进行花园营造的场所，随着城市建筑的逐渐增多，人们离自然越来越远，享受绿色，回归自然已经成为人们的普遍愿望。因此对于愿意营造屋顶花园的住户来说，一定会将这块空间充分利用，通过植物与景观小品的设置，形成自然景致，体现自己的个性、品位与审美情趣，并美化自己的居住环境。如图 8-1-7 所示，屋顶花园一角通过水钵、植物、石头的组合，寓意了自然山水之景，体现了自然的情趣。

5. 居住区屋顶花园的设计需要满足特殊的造园条件

从居住区屋顶花园的定义可知，居住区屋顶花园是上升到空中的庭园，因此其要经受的风力、日照、湿度等自然方面的条件同地面庭院是不同的。同时居于一定高度后需

要解决承重、防水、排水等技术层面的问题，这些都是屋顶花园设计时必须注意的问题，同时也对屋顶花园的设计产生了一定影响。

图 8-1-7　屋顶花园一角的自然景致

三、居住区屋顶花园的功能

1. 美化与改善居住区环境

居住区屋顶花园可以看成是上升到空中的庭园，从而成为居住区环境中的一个重要组成部分，它为居住于高层的住户提供了接近自然的平台，起到美化和改善居住环境的作用。

首先居住区屋顶花园与园林一样，给予居民绿色情趣的享受，它对人们的心理作用比其他物质享受更为深远，也更容易被居民所接受。绿色植物能调节人的神经系统，使人们紧张疲劳的神经得到舒缓，屋顶花园可以使生活或工作在高层建筑的人们欣赏到更多的绿色景观，观赏优美的风景。同时对于居住在高层的住户来说，屋顶花园是一块难得的接近自然之地，在这里可以感受到自然的气息，使人们得到心情的平静。

其次，居住区屋顶花园的景观艺术设计要通过植物种植和造园要素的引入，通过艺术化的设计手法来再现自然景观，满足人们对自然的渴望，体现户主的个性、品位和审美情趣，提高住户的生活品质，极大地美化了居住区的环境。

2. 绿化与美化住宅建筑立面

居住区屋顶花园可以看做是住宅建筑上的再生空间绿化。在栏杆、围栏等较低围合面的周围进行统一的植物种植，从而实现对建筑立面的美化和绿化，如图 8-1-8 所示。

首先，随着居住区住宅建筑高度的不断增高和密度的不断增大，人们的视线被建筑

图 8-1-8　美化建筑物立面

所挡，进入人们眼帘的是生硬的建筑墙面和单调的建筑色彩，景观性很差。现在玻璃材料也被大量地运用于住宅建筑上，在强烈太阳光下会产生刺目的眩光，建造屋顶花园后花园上的植物可以对玻璃产生一定的遮挡，从而起到美化环境、降低眩光的目的。

其次，积极开辟建筑上的再生空间进行绿化已成为未来绿化的发展趋势，对住宅建筑上的屋顶、阳台、露台等空间积极实施绿化，也是进行再生空间绿化的重要组成部分，可以极大增加绿量，形成生态效应。这对改善居住区的居住环境，提高环境质量有着十分重要的作用。

3. 保护建筑物的作用

屋顶花园的建造可以吸收雨水，保护居住区屋顶的防水层，防止屋顶漏水。绿化覆盖的屋顶吸收夏季阳光的辐射热量，有效地阻止屋顶表面温度升高，从而降低屋顶下的室内温度。这种由于绿色覆盖而减轻阳光暴晒引起的热胀冷缩和风吹雨淋，可以保护建筑防水层、屋面等，从而延长建筑的使用寿命。

在北方，屋顶绿化如采用地毯式满铺地被植物，则地被植物及其下的轻质种植土组成的"毛毯"层完全可以取代屋顶的保温层，起到冬季保温、夏季隔热的作用。

4. 节省能源

建筑物屋顶绿化可明显降低建筑物周围环境温度 0.5～4℃，而建筑物周围环境的气温每降低 1℃，建筑物内部的空调容量可降低 6%。低层大面积的建筑物，由于屋面面积比壁面面积大，夏季从屋面进入室内的热量占总围护结构的热量的 70% 以上，绿化的屋顶外表面最高温度比不绿化的屋顶外表面最高温度可低 5℃ 以上。屋顶绿化是冬暖夏凉的"绿色空调"，大面积屋顶绿化的推广有利于缓解城市的能源危机。

图 8-1-9　屋顶绿化具有生态效益

5. 屋顶绿化的生态效益

建筑物的屋面是承接阳光、雨水并与大气接触的重要界面，而城市中屋面的面积占去了整个城市面积的 30% 左右。屋面的性质决定了其在生态方面可以发挥独特的作用，如图 8-1-9 所示。以北京为例，在规划的市区内，有近千万平方米以上的建筑平屋顶未被利用，如其中的一半实施屋顶绿化，可增加近 500 公顷的绿化面积，相当于新建一个龙潭湖公园。

四、居住区屋顶花园设计的原则

1. 以实用为目的

在生活节奏加快的现代社会，人们需要更多的时间投入到工作与学习中，所以用于屋顶花园的管理与维护的时间与精力是有限的，这对屋顶花园作用的正常发挥产生了不利影响。居住区屋顶花园在进行景观设计时，应该以"实用"为目的，充分协调好花园建造、花园维护管理以及住户生活节奏之间的关系，合理地进行植物配置和其他必要设施的选择，从而形成一个易于打理，环境优美，又具有实用性的花园。

2. 以精美为特色

居住区屋顶花园建造正是要将自然美引入到居住环境中，从而满足住户的心理需求与审美需要。屋顶花园的美感是通过艺术化的设计手法的运用，将植物、景观小品以及相应必要的设施等造园要素通过合理的空间布局而呈现出来的。屋顶花园空间一般较小，所以可容纳的造园要素是有限的，如何利用有限空间创造出优美景观，是屋顶花园不同于一般园林绿地的区别所在，屋顶花园在设计时应该遵循"小而精"的原则，各造园要素的选择应该以"精美"为主，如图 8-1-10 所示。

图 8-1-10　屋顶花园以精美为特色

从改善和美化居住区空间的角度来说，各小品造园要素的尺度和位置要认真推敲，注意使自身的体量与空间的尺度取得协调，同时也要满足人的行为模式与人体尺度；植物美是构建自然美的一个重要方面，植物在选择上要注意形态、色彩和季相等方面景观特征，在实现绿化效益的前提下，同时又能形成丰富优美的植物景观。

3. 以安全为保障

居住区屋顶花园是将地面绿地搬到空中，且距离地面具有一定高度，因此必须注意安全指标。这种"安全"来自两个方面的因素，一是建筑本身的安全，二是住户使用和游赏花园时的人身安全。

首先是建筑本身的安全，屋顶花园需要考虑的建筑的安全问题是承重与防水。在进行屋顶花园设计与营建时，不可随意种植植物和设置景观小品，屋顶花园上一切设施及造园材料的重量一定要认真核算，确保其重量在规定范围之内。另外，屋顶花园的防水也是一个重要的方面。一般来说，对于规划了屋顶花园的建筑，其在进行施工建造时已经为屋顶花园的楼板设计建造了防水层，但当私人用户在进行花园建造时，很可能会破坏这些防水层，从而出现楼板漏水的现象，这样会为修补防水层追加更多的费用，同时也给下一层住户的正常生活带来不便，因此在进行花园建造时要特别注意。

其次是住户使用和游赏花园时的人身安全，对于住宅建筑上的屋顶花园来说，其围合面主要是建筑墙面或栏杆与护栏，这些构筑物一般是与建筑同步营建，在安全上具有较高可靠性的。但当人们营建屋顶花园后，一些种植设备就摆放在栏杆护栏的旁边，或放置在栏杆上，这样有从高处跌落，伤害楼下行人的危险，所以这些设备应该进行必要的加固措施，确保安全。另外，对于小孩的安全要着重考虑，由于孩子年幼好动，喜欢攀爬物体，对于建筑上的栏杆或护栏，其高度在设计时已经考虑了防护要求，但经过造园后，小孩可能会顺着周围的植箱或植物爬上栏杆，从而有从高空跌下，出现伤亡的危险。因此，家长要看护好小孩，同时在设计时要进行必要的预防措施，使人们能安全放心地游赏花园，如图 8-1-11 所示。

4. 以经济、易维护为基础

在进行居住区屋顶花园设计时，要结合自身的经济条件，综合考虑营建、管理、维护等多方面的因素，做好预算，从而达到屋顶花园的实用性与经济性，如图 8-1-12 所示。屋顶花园在营建时不同于地面造园，屋顶花园上某一项工程建造会同时带来一些附带的工程建造，从而使得经济投入增加。所以屋顶花园在设计时要结合实际情况，全面进行考虑，在经济条件允许的前提下建造出实用、精美、安全的优秀屋顶花园来。

图 8-1-11　屋顶花园的安全性　　　　　　　　图 8-1-12　屋顶花园宜维护

五、居住区屋顶花园的荷载

（一）荷载

荷载是衡量屋顶单位面积上承受重量的指标。建筑结构承载力直接影响房屋造价的高低，屋顶的允许荷载也受到造价的限制。

荷载是建筑物承重安全及屋顶花园成功与否的保障，即绿化时，要考虑建筑物屋顶能否承受由屋顶花园的各项园林工程所造成的荷载，这关系到安全问题。建筑物的承载能力，受限于屋顶花园下的梁板柱、基础和地基的承重力。屋顶花园的平均荷载只能在一定范围，特别是对原有未进行屋顶花园设计的楼房进行绿化时，更要注意屋顶允许荷载，超过这个荷载，就可能会有事故发生。要根据不同建筑物的承重能力来确定屋顶花园的性质、园林工程的做法、材料、体量及其尺度。

（二）屋顶花园的荷载取值

屋顶花园屋面相对于普通屋面，其恒荷载和活荷载都有大幅度的增加，从而直接影响下部建筑结构、地基基础的牢固性、安全性以及建筑工程造价。因此，如何确定恒荷载和活荷载是屋顶花园结构设计非常重要的问题。

1. 恒荷载的确定

屋顶花园的恒荷载较为复杂，它包括种植区荷载、盆花和花池荷载、园林水体荷载、假山和雕塑荷载、小品及园林建筑物荷载等这些重量不发生改变或变化很小的实物荷载。其中，后四种荷载的确定可根据实际情况，按现行规范取值。以种植区荷载的确定为例：一般地被式绿化的土层厚 6～10cm，荷重 200kg/m²；种植式绿化的土层厚 20～30cm，荷重 400kg/m²；花园式绿化的土层厚 25～35cm，荷重 500～1000kg/m²。

土层干湿状况对荷载也有很大影响，一般可增加 25％左右（多的可达 50％）。此外，还应考虑施工时的局部堆土。

2. 活荷载的确定

建筑屋顶一般可以分为上人屋顶和不上人屋顶，其构造方法不尽相同。

不上人屋顶的活荷载为 50kg/m²，它仅考虑施工检修和屋顶少量积水的荷载；在雪荷载较大的地区，屋顶荷载达 70～80kg/m²。

上人屋顶的活荷载为 150kg/m²，该数据是指一般办公居住建筑屋顶、少量居民休息和晒衣物的场所。如果要在屋顶建造花园，用来休闲娱乐、小型聚会，屋顶花园的荷载应至少为 200kg/m²，如果该屋顶花园为悬挑式的，其荷载不应小于 250kg/m²。

（三）屋顶花园的荷载内容

1. 种植区的荷载

种植区的荷载包括种植物、种植土、过滤层和排水层等的荷载。其中，关键是确定种植物及种植土的荷载。

（1）地被植物、花灌木的荷载

目前，国内尚无完整的数据，根据国外数据，地被植物、花灌木的荷载如表 8-1-1。

表 8-1-1　地被植物、花灌木荷载一览表

序　　号	种植物种类	荷载/（kN/m²）
1	地被草坪	0.05
2	低矮灌木和小丛本木植物	0.10
3	长成灌木和 1.5m 高的灌木	0.20
4	3m 高的灌木	0.30

（2）种植土荷载

屋顶花园的种植土关系到植物生长及荷载问题，其对屋顶结构的影响最为直接。

种植土层的厚薄，影响土壤水分容量大小。较薄的种植土，如果没有雨水或均衡人工浇灌，土壤则极易迅速干燥，对植物的生长发育不利。一般屋顶花园的种植土层较薄，又处于下方建筑形成的高空，受到外界气温以及从下部建筑结构中传来的冷热两方面的温度变化的影响，种植土层的温度也易发生变化。显而易见，屋顶花园种植土形成的栽植环境，与观赏树木、花卉生长发育所需的理想条件相差甚远。

为了使花木生长发育旺盛并减轻屋顶上的荷载，种植土宜选用经过人工配制的合成土，使其既含有植物生长的各类元素，又要满足重量轻、持水量大、营养适当、通风排水性好、清洁无毒、材料来源广和价格便宜等要求。目前，国内外用于屋顶花园的人工种植土种类较多，一般均采用轻质轻骨料（如蛭石、珍珠岩、泥炭等）与腐殖土、发酵

木屑等配合而成，其密度一般为 7～15kg/m³，其经雨水或浇灌后重量将增大 20%～50%，选用时应按实际情况确定。

不同植物生长发育所需土层的最小厚度均不同，如图 8-1-13 所示，植物在屋顶由于风载较大，从植物防风要求也需要土壤具有一定的种植深度，综合以上因素，屋顶花园种植区土层厚度与荷载值见表 8-1-2。

表 8-1-2　屋顶花园不同植物种植区土层厚度与荷载值

类别	地被	花卉小灌木	大灌木	浅根乔木	深根乔木
植物生存种植土最小厚度/cm	15	30	45	60	90～120
植物生育种植土最小厚度/cm	30	45	60	90	120～150
排水层厚度/cm	—	10	15	20	30
植物生存平均荷载/（kg/m²）	150	300	450	600	600～1200
植物生育平均荷载/（kg/m²）	300	450	600	900	1200～1500

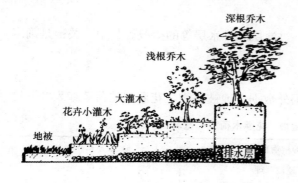

图 8-1-13　屋顶花园不同植物种植区土层厚度示意

（3）过滤排水层荷载

过滤排水层通常采用卵石、碎砖、煤渣、粗砂等为材料，其荷载取值为：卵石——2000～2500kg/m²；碎砖——1800kg/m²；煤渣——1000kg/m²；粗砂——2200kg/m²。

注意：种植区内除种植土、排水层外，还有过滤层、防水层和找平层等。在计算屋顶花园荷载时，可统一算入种植土的重量，以省略繁杂的小荷载计算工作。

2. 花池、盆花的荷载

在某些地区屋顶花园受季节限制，需要摆放一些适时的盆花，其平均荷载约为 100～150kg/m²。

低矮花池的砖砌池，可按种植土的重量折算。若是较大的乔木种植池，则应分别计算池壁重量与种植土重量，再按其面积算出其每平方米面积的平均荷载。

3. 园林水体工程荷载

许多屋顶花园中会布置小型水池、喷泉、瀑布及壁泉等水景，这些水景工程都会产生一定的荷载。应根据其积水深度、面积和池壁材料等来确定荷载。每平方米的水，深 10cm 时，其荷载为 100kg/m²；每增加深 10cm 的水，荷载将递增 100kg/m²。如果池壁采用金属或塑料材质，其重量也可以与水一起考虑。若采用砖砌或混凝土池壁，则应根据其壁厚和材料的密度进行计算后，再与水重一起折算成平均荷载。

4. 假山与雕塑荷载

假山、置石和雕塑也经常被应用于屋顶花园。若是假山石，可将其山体的体积乘以

孔隙系数 $0.7\sim0.8$，再按不同石质的单位重（$2000\sim2500kg/m^2$），求出山体每平方米的平均荷载。若为置石，要按集中荷载考虑。屋顶花园上的雕塑重量由其体量大小和材料而定，重量较轻的雕塑可以不计。较重的雕塑小品，按其体重及台座的重量折算出其平均荷载。

5. 园林小品和园林建筑的荷载

屋顶花园中的园林小品有游憩设施、园椅、花钵、园灯等。如果质量较小可忽略不计，否则要另行计算。

屋顶花园中的园林建筑如亭、廊、花架等，应根据其建筑结构形式及面积，计算平均荷载。而砖砌花墙的荷载为线荷载（kg/m），布置花墙时应尽量与建筑承重构件相配合，使线荷载直接作用在钢筋混凝土大梁上或楼板下的承重墙上。

（四）减轻荷载的方法

用于建造屋顶花园的屋顶，应采用整体浇筑或预制装配的钢筋混凝土屋面板作结构层。有条件的，还可用隔热防渗透水材料制成的"生态屋顶块"。一般情况下，可以提供 $350\ kg/m^2$ 以上的外加荷载能力。

屋顶荷载的减轻，一方面要借助于屋顶结构选型，减轻园林构筑物结构自重和解决结构自防水问题；另一方面就是减轻屋顶所需"绿化材料"的自重，包括将排水层的碎石改成轻质的材料等，当然上述两方面若能结合起来考虑，使屋顶建筑的功能与绿化的效果完全一致，既能起到隔热保温作用，又能减缓柔性防漏材料的老化，那就一举两得了。因此，最好是在建筑设计时统筹考虑屋顶花园的建设，以满足屋顶花园对屋顶承重和减轻构筑物自重的要求。

1. 种植层重量的减轻

屋顶花园多用轻质材料，如蛭石、陶粒、珍珠岩、泥炭土、草炭土、人造土、腐殖土和泥炭土混合花泥等。还可以使用屋顶绿化专用的无土草坪，在生产无土草坪时，可以根据需要调整基质用量，用以代替屋顶绿化所需的同等厚度的壤土层，从而大大减轻屋顶承重。设置草坪、花坛要尽量衬土薄一些。

（1）种植层主要有下面几种常用轻基质：

① 泡沫有机树脂制品（密度 $30kg/m^3$）加入腐殖土，约占总体积的 50%；

② 海绵状开孔泡沫塑料（密度 $23kg/m^3$）加入腐殖土，占总体积的 70%～80%；

③ 膨胀珍珠岩（密度 $60\sim100kg/m^3$，吸水后重 3～9 倍）加入腐殖土，约占总体积的 50%；

④ 蛭石、煤渣、谷壳混合基质（密度 $300kg/m^3$）；

⑤ 空心小塑料颗粒加腐殖土；

⑥ 木屑腐殖土。

（2）由于土层不厚，植物材料尽量选用一些中小型花灌木、草花以及草坪等地被植物。为满足植物根系生长需要，一般种植土要 30～40cm 厚，局部可设计成 60～80cm。地被植物栽培土深 16cm 左右；灌木栽培土深 40～50cm；乔木栽培土深 75～80cm，少用大乔木，一般选择浅根的植物，比如小乔木、灌木、小竹子、杜鹃花、月季花、玫瑰等。

可采用预制的植物生长板，生长板采用泡沫塑料、白泥炭或岩棉材料制成，上面挖有种植孔。

2. 过滤层、排水层、防水层重量的减轻

（1）用玻璃纤维布作过滤层比粗砂要轻。

（2）排水层的材料有下列几种，可代替卵石和砾石：

①火山渣排水层，密度 $850kg/m^3$，保水性 8％～17％，粒径 1.2～5cm；

②膨胀黏土排水层，密度 $430kg/m^3$，保水性 40％～50％，最小厚度 5cm；

③空心砖排水层，为 40cm×25cm×3cm 加肋排水砖，还可用塑料排水板。

（3）减轻防水层重量，如选用较轻的三元乙丙防水布等。

3. 构筑物、构件重量的减轻

（1）可少设置园林小品及选用轻质材料如轻型混凝土、空心管、塑料管、竹、木、铝材、玻璃钢等制作小品（如凉亭、棚架、假山石、室外家具及灯饰）等；

（2）用塑料材料制作排灌系统及种植池；

（3）合理布置承重，把较重物件如亭台、假山、水池安排在建筑物主梁、柱、承重墙等主要承重构件上或者是这些承重构件的附件附近，或尽量将这些荷载施加到建筑物的承重构件上，使结构构件能够有足够的承载能力承受屋顶花园传下来的荷载，以利用荷载传递，提高安全系数；

（4）在进行大面积的硬质铺装时，为了达到设计标高，可以采用架空的结构设计，以减轻重量。

在具体设计中，除考虑屋面静荷载外，还应考虑非固定设施、人员数量和流动性及外加自然力等因素。

六、居住区屋顶花园的空间划分

1. 种植区域的划分

植物种植是营建屋顶花园的必备内容，同时也是实现屋顶花园绿化的必要条件。种植区域在进行划分时，应该考虑植物的生长条件和花园空间功能组织的要求。屋顶花园主要的规模性种植区域应该设置在具备开放性的围栏、栏杆周围，由于这些区域具备开放性，与外界环境保持联系，所以能够很好地接触日照、风雨、空气，因此具备很好的植物生长条件，这些区域的植物能围合中部的活动区域，使人们身处于植物群落之中，不影响人们在空间中的转换，起到植物群落景观和私密保护的作用，同时也对建筑立面起到完善和美化作用。

对于花园中其余的植物区域，主要是用于进行空间分割或进行空间联系的，因此会设置在活动区域，这些种植区域要注意规模与体量，在保证其功能与作用的情况下，不能过多占用空间，不对活动区域产生影响。如图 8-1-14 所示，种植区域设置在护栏旁，周围种满了植物，当人们坐在座椅上进行休息时，不仅可以感受到周围植物的绿意，同时还可以眺望远处的景观，从而使此处阳台成为一个惬意的休憩场所。

在进行屋顶花园空间划分时，要划分出足够的植物种植区域来种植植物，从而形成丰富的植物群落景观，实现美化居住环境，产生生态效益的作用。对于缺乏植物的屋顶花园来说，算不上真正意义上的屋顶花园。一般来说，屋顶花园的绿化（包括乔木、灌木、草本）覆盖率最好在 60％ 以上，因此种植区域的划分应该根据空间的要求进行确定，如果种植区域划分得过小，则不能实现绿化的目的，如果种植区域过大会增加经济投入，使花园被植物淹没，反而影响住户的正常生活。所以一定要使得种植空间同活动空间相互协调，达到各自的功能目的。

图 8-1-14　护栏旁种满植物，围合中间的休闲座椅

2. 活动区域的划分

活动区域是居住区屋顶花园中经常具备的，屋顶花园除了进行观景外，还应该具备必要的活动功能，这对于居住在高层的住户来说非常重要，能在充满绿意花香的高空环境中休憩娱乐，是一件十分舒心惬意的事情。

居住区屋顶花园一般场地有限，进行必要的植物种植之后，剩余的花园场所就更少了，因此居住区屋顶花园一般不可能像陆地庭院一样实现多种活动空间的划分，对于活动空间的划分，因结合花园场地大小，宁可功能单一，求精求细也不必求全。如在花园中设置一些桌椅，就可以供人们观景休憩，摆放一些简单的运动设施就可以供人们进行身体锻炼。

但总的来说，屋顶花园由于其特点限制，其活动区域的划分受到了限制，所以设计时要根据屋顶花园的实际情况，按照住户的要求来进行。

七、居住区屋顶花园景观小品的选择

景观小品如水景、假山、雕塑等是居住区屋顶花园中必备的元素，它同植物相互映衬，为花园营造出精致的景观，并起到点明主题和创造风格的作用。如叠石假山的设置可以营造中式园林的味道，石灯和细沙枯流的搭配可以产生日式枯山水的意境，壁炉雕塑的摆放可以体现西式园林的风格。

在进行景观小品选择时要遵循以下几点：首先，景观小品的选择要符合住户的要求，体现住户的情趣爱好，能体现花园的主题和整体风格。其次，景观小品数量要适宜，切不可过多过量，因为景观小品在花园中可以起到画龙点睛，形成景观焦点的作用，太多的景观小品会使景观琐碎杂乱，如图 8-1-15 所示。

图 8-1-15　简单而精致的小品起到画龙点睛的作用

八、居住区屋顶花园的植物选配

1. 居住区屋顶花园的植物选择

由于屋顶花园场地有限，且位于风力强、缺水和少肥的环境，以及受到光照强，光照时间长，温差大等自然条件，所以对植物生长不利，为了保证植物的正常生长，应该选择生长缓慢、抗逆性强、喜光、耐旱、耐寒、易移栽和病虫害少的植物，另外植物选择一般以浅根性树木为主，不宜种植高大的乔木。

一般来说，屋顶绿化可供选择的植物品种较丰富，应该根据其树木种类确定具体的栽植方式。由于屋顶花园承重的要求，其覆土厚度可能会受到限制，所以一些大灌木、乔木不能成活。例如，当覆土厚度小于 20cm 时，不适宜栽种大灌木、乔木等，植物品种仅局限于小灌木或地被植物，此时可以采取盆植方式，通过不同深浅与高度的植箱与盆栽的组合，可以满足不同植物对土壤的深度需求。土深 30cm 左右的浅盆可以在楼面均匀密布。盆植方式安全、快捷、造价低，为增强其美化效果，种植容器可大可小、可高可低，可移动可组合；此外，树种要选择便于管理的乡土树种，避免有毒、有刺、有刺激性气味、有飞絮以及过于昂贵的名贵树种。

要实现植物的生态性，需要实现植物的规模化种植，若植物绿量太少，其生态作用则不显著。在进行居住区屋顶花园的空间划分时，要规划足够的种植空间来进行植物的种植，同时要注重整体建筑立面的绿化效应，使植物绿化量大，绿化的范围大，从而更好地实现生态效应。其次，在植物选择上，要选择最适宜屋顶花园栽植的生态型植物，并精心配制种植土，以保证植物的良好生长，增加叶面积指数，增加叶绿体含量。最后，在绿化方式上要充分利用花园的竖向和平面空间，利用棚架植物、攀援植物、悬垂植物等实现立体绿化，尽可能地增加绿化量。

2. 居住区屋顶花园的植物搭配

（1）植物高低层次的搭配

居住区屋顶花园在进行高低层次的搭配时，要先确定骨架性植物，然后再用过渡性植物或景观性植物填充。居住区屋顶花园中一般以中等高度灌木作为骨架性植物，以乔木或大型的灌木作为景观性植物，而小型灌木和草本植物，以及地被植物为过渡性植物，以此实现整体植物群落在高度上的层次变化。

骨架性植物确定后，便撑起了一个基本的骨架，这时应该填充景观性植物和中小灌木或草本植物来丰富和联系整体空间。不同的植物填充后，可以在高度上和形状上有很多变化，但这种高差不能太突兀，要与结构性种植形成自然的过渡。较高的植物如乔木，可以突出兴趣点并强调竖向空间。地面的植物，包括灌木、草本植物应该大量种植，它们在高大的植物下面掠过，起到联系不同种类植物的作用。灌木作为主要的结构性植物则起着控制空间开朗性与私密性的作用，它可以形成空间的垂直围合面，控制人们的视线，从而营造空间私密与开放的感受，此外许多攀缘植物也有这种作用。如图8-1-16所示，花园一角不同种类的植物在高度上形成了具有层次的搭配，大面积的地被植物种植联系了整个花园，而修剪成规则形状的矮灌木与树形自然的中等灌木相映成趣，从而在外观形态上也形成了丰富的美感。

图 8-1-16　屋顶花园有层次的搭配

（2）植物形状的搭配

在进行植物种植时要考虑植物形成的轮廓，在视觉上植物形成的轮廓应是放松的，例如，使用竖形的花草，可以在狭小的空间中产生立体感。植物应该起到柔化的作用，掩饰那些墙角突兀的硬边和墙面单调生硬的质地，同时又连接外界环境或邻近的花园，这样可以将外景纳入花园，同时又和整体环境协调。另外，应该多选择小叶片类型的植物，它们受风力影响小，而且形态轻盈，可以丰富空间。总之在进行植物选择时要考虑植物的形态，植物的整体形状很重要，通过不同形状的搭配可以形成不同的景观效果。

（3）植物色彩的搭配

色彩是植物一个非常显著的特性，它通过植物的叶、花、果、树干、枝条、树皮等呈现出来，它能触发人的情感，创造丰富的景观效果。在花园里的植物，有的色彩鲜明、有的感觉单一，因而给人造成的感觉不同，对于黄色、红色、橙色等暖色植物具有前进感，而蓝色等彩度低的植物具有后退感，其植物色彩的组织方法是将冷色植物置于离人最远的地方，而暖色植物至于最显眼处，这样可以让暖色植物成为焦点，同时冷色植物成为深远的背景，使空间产生层次感，从而显现得更为宽敞。此外要注意阳光对颜色的影响，光线越强，其对色彩的调节能力越强，一般情况下，鲜艳的色彩在强光下，暖色植物会失去鲜艳，看起来不会那么引人注目，因此可以在光量较大的屋顶花园上使用鲜艳色彩的植物，这样看起来也不会显得耀眼。而在较为暗淡的角落，使用白色的植物可以起到强调作用，同时提亮整个区域，如图 8-1-17 所示为白色的花卉带来光感，同时也成为了景观焦点。

图 8-1-17　白色花卉加强了整个区域的亮度

（4）植物季相的搭配

植物会随着季节的变化而发生显著的特征变化，这些变化表现在色彩、树形上。因此屋顶花园在进行植物搭配时要选择比较丰富的种类，使得花园一年四季均有不同景致可观。屋顶花园中常见的季相搭配是草本植物与常绿灌木的组合，常绿灌木可以成为整个花园的骨架，而草本植物则能成为过渡者，使花园的整体植物景观统一起来，此外对于草本植物来说，很多是观花性质的，许多草本植物在冬天会凋零，而在第二年春天则会重新生长。所以在屋顶花园中应该配置一些常绿灌木和草本植物，可以在一年四季欣赏到不同的色彩与植物形态。另外，灌木自身也有多种搭配，灌木有常青的，也有落叶的，许多灌木在一年四季不同时节开花，甚至冬天也有开花的灌木，所以植物种类的挑选和搭配可以产生许多丰富的形态。例如在合适的背景前设置一些落叶灌木后，可以在春夏欣赏植物的叶形美，而在冬季则可欣赏植物的枝条形态美。

任务二　公共游憩性屋顶花园设计

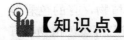【知识点】

了解公共游憩性屋顶花园的作用。

掌握公共游憩性屋顶花园设计的原则与方法。

掌握公共游憩性屋顶花园的细部设计。

掌握公共游憩性屋顶花园的种植设计。

 【技能点】

能够熟读公共游憩性屋顶花园平面图。

能够对公共游憩性屋顶花园进行规划设计。

 基本知识

一、公共游憩性屋顶花园建设的作用

1. 对于水的节约利用

（1）储水功能

截留雨水，减少地表径流，绿化屋面可以把大量的降水储存起来。据统计，根据种植基质的持水能力的不同，屋顶绿化能够有效截留60%～70%的天然降水（Veitshoeheim 的巴伐利亚园艺站测试结果），并可以在雨后若干时间内逐步被植物吸收和蒸发到大气中，使屋顶的雨水得到充分利用，这对于水资源非常匮乏的城市地区十分重要，如图8-2-1所示。

（2）通过储水减少屋面泄水，减轻城市排水系统的压力

在进行城市建设时，地表水都会因建筑物而形成封闭层。降落在建筑表面的水，通过排水装置引到排水沟，再输送到澄清池或直接转送到自然或人工的

图 8-2-1 屋顶花园有利于水的节约利用

排水设施中。这种常用的做法没有把屋顶水作为有价值的自然资源利用，而是将其同严重污染的水混合在一起作为废水处理，处理费用相当昂贵，也会造成地下水的显著减少甚至枯竭，屋顶绿化通过其储水功能可以减轻城市排水系统和防洪的压力，显著减少处理污水的费用，可见屋顶绿化是改善城市生态环境的良好方式。

2. 对建筑构造层的保护

建筑屋顶构造的破坏只有少部分是承重物件引起，多数情况下是由迅速变化的温度造成的老化。如冬天，在寒冷的夜晚建筑物件都还结着冰，而到了白天，短时间内建筑物表面的温度却迅速升高。即使是夏天，在夜晚降温之后，到了白天建筑物表面的温度也会很快显著升高。由于温度的变化，导致屋顶构造的膨胀和收缩，建筑材料将会受到很大的负荷，其强度会降低，进而造成建筑物出现裂缝，寿命缩短。而具有不同覆土厚度的绿化屋面其隔热、防渗性能一般会比架空薄板隔热屋面为好，如图8-2-2所示。

我国《建设工程质量管理办法》中明确规定建筑物屋面防水保修期只有三年，这样

图 8-2-2　屋顶花园对建筑有保护作用

就得对屋面防水层进行不断的整修。但绿化将大大延长屋顶有效使用周期，节省维修费用。

3. 改善城市生态环境

屋顶绿化是国际公认的改善城市生态环境最有效的措施之一。屋顶绿化可以通过植物的蒸腾作用和屋顶绿地的蒸发作用增加湿度，降低环境温度，减少热辐射、保温隔热，节省制冷、制热费用，其还具有减渗、减少噪声以及屏蔽放射线和电磁等生态作用，如图 8-2-3 所示。

（1）调节温度与湿度

屋顶绿化增加绿量，夏季可以有效缓解城市局部热岛效应，减少太阳辐射强度；冬季具有保温作用，降低能源消耗。

绿色屋顶因植物的蒸腾作用和潮湿的土壤而使蒸腾量大大增加，疏松的土壤比密实坚硬的建筑材料进水性好，故绿色屋顶径流量减少，贮存的水量增多，致使绿色屋顶附近空气湿度增加，从而减弱"热岛"、"干岛"效应。

（2）对风的影响

在屋顶平均高度之上经常出现一个较大的风速区，称为"房顶小急流"。如果在屋顶上种植了植物则可加大屋顶粗糙度，增加摩擦使风速减弱。同时，由于绿地的降温作用，使气压在同一高度的水平方向上，产生了气压梯度，弱化了屋顶上空气向未绿化区域空间流动，形成局部环流，对城市热岛环流有一定的破坏作用。

图 8-2-3　屋顶花园能改善城市生态环境

（3）减弱光线反射

随着城市高层、超高层建筑的兴起，更多的人将工作与生活在城市高空，不可避免地要经常俯视楼下的景物。无论哪种屋顶材料，在强烈的太阳照射下均会反射刺目的眩光，都将损害人们的视力。屋顶花园和垂直墙面绿化代替了不受视觉欢迎的灰色混凝土、黑色沥青和各类建筑材料墙面，减弱了光线的反射。

（4）减轻城市环境污染

屋顶花园中的植物与平地植物一样，具有改善局部小气候，调节城市的温度和湿度，吸收二氧化碳，释放氧气，吸附污染物，净化大气，吸滞尘埃等作用，如图 8-2-4 所示。此外，与地面植物相比，屋顶植物由于生长地势较高，能在城市空间多层次地净化空气，成为种在城市空间多层次分布的"滤清器"，起到地面绿化所起不到的作用，可以发挥更大的调节功能。

图 8-2-4　屋顶花园能减轻城市污染

　　而且绿色植物像空气的过滤器，使空气透明度增加，减少了凝结核，从而减少城市中云、雾的形成。另外，绿色植物能减轻城市噪声污染，一些植物还能分泌出能杀菌的挥发性物质，这对保护城市环境是有益的。

　　（5）归还大自然有效的生态面积，保护城市生物多样性

　　绿地面积及其空间结构影响着城市的生物多样性。屋顶花园是城市绿色空间的重要组成部分，它可以成为维持和保护生物多样性的重要场所之一。有研究表明，城市生态系统中生物多样性的提高，对城市居民生活质量有正面的影响。同时，在屋顶上还可以繁养一些濒危的动、植物种类，因为在那里它们可以少受到人为干扰。

　　4．景观作用

　　屋顶花园可以加强景观与建筑的相互结合，增加人与自然联系的紧密度。如日本别子铜山纪念馆（图 8-2-5），该银矿在 1973 年闭山修建纪念馆时，为了更好地取得与环境的协调，建筑沿山坡建，半埋入地下，屋面全部覆盖花草树木，与自然融为一体，取得了很好的效果。对于身居高层的人们，无论是俯视大地还是仰视天空，都如同置身于绿色环抱的园林美景之中。

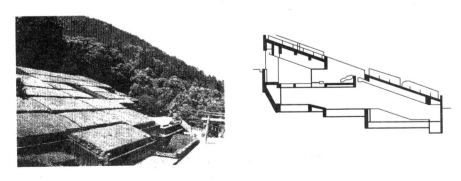

图 8-2-5　日本别子铜山纪念馆

　　屋顶花园在为人们提供娱乐休闲空间和绿色环境享受时，对人的心理、生理影响更为深远。以花草树木组成的自然环境透出极其丰富的形态美、色彩美、芳香美和风韵

美，能调节人们的神经系统，使紧张、疲劳得到缓解和消除，提高人们的生活质量。

二、公共游憩性屋顶花园的概念

公共游憩性屋顶花园是指在一切公共性建筑物和构筑物的顶部、城围、天台、露台或是大型人工假山山体、桥梁等之上所进行的绿化装饰及造园活动。

三、屋顶绿化的环境特点

1. 空气

屋顶花园高于地面几米甚至几十米，因此气流通畅清新，污染减少。屋顶空气浊度比地面低，对植物生长有利。

2. 土壤

由于建筑结构的制约，一般屋顶花园的荷载只能控制在一定范围之内。所以，土层厚度不能超出荷载标准。但较薄的种植土层，会使土壤极易干燥，造成植物缺水、养分含量较少，需要定期添加土壤腐殖质，以保证植物生长。

3. 温度

由于建筑物材料的热容量小，白天接受太阳辐射后迅速升温，晚上受气温变化的影响又迅速降温，致使屋顶上的最高温度和最低温度都要高于和低于地面的最高温度和最低温度。在夏季，白天屋顶上的气温比地面温度高 3～5℃；晚上低 2～3℃。较大的昼夜温差，对植物体内积累有机物十分有利。因此，在屋顶上种植的西瓜和草莓含糖量比地面上的高。但过高的温度会使植物的叶片焦灼、根系受损，过低的温度又给植物造成寒害或冻害，只有在一定范围内的日温差变化才会促进植物的生长。

4. 光照

屋顶上光照强，接受日照辐射较多，为植物光合作用提供了良好环境，有利于阳性植物的生长发育。如在屋顶上种植的月季花，比地面上种植的叶片厚实、浓绿、花大色艳，花蕾数增加两倍多。春花开放时间提前，秋花期延长。同时，高层建筑的屋顶上紫外线较多，日照长度比地面显著增加，这就为某些植物，尤其是沙生植物的生长提供了较好的环境。

5. 空气湿度

屋顶上空气湿度情况差异较大，相对湿度比地面低 10%～20%。一般低层建筑上的空气湿度同地面差异很小，而高层建筑上的空气湿度由于受气流的影响大，往往明显低于地表。屋顶植物蒸腾作用强，水分蒸发快，更需保水。

6. 风

屋顶位于高处，四周相对空旷，风速比地面大 1～2 级且易形成强风，对植物生长发育不利。因此，屋顶距地面越高，绿化条件越差。屋顶花园的土层较薄，乔木的根系不能向纵深处生长，故选植物的时候应以浅根系、低矮、抗强风的植物为主。另外，就我国北方而言，春季的强风会使植物干梢，对植物的春季萌发往往造成很大的伤害，在选择植物时要充分考虑。

7. 与周围环境的分隔

屋顶花园一般与周围环境相分隔，没有交通车辆干扰，远离道路边上的噪声与车辆尾气，很少形成大量人流，因而既清静又安全。

四、屋顶花园的设计原则

"适用、经济、美观"是园林设计必须遵循的原则，建在屋顶的花园也不例外。要求做到适用、经济、美观三者的辩证统一，并且三者之间的关系在不同情况下，根据不同性质、不同类型、不同环境的差异，彼此之间应有所侧重。

（一）安全性原则

空中绿化，安全第一。这里所指的安全是指房屋的荷载、屋顶防水结构安全以及屋顶周围的防护栏杆、乔灌木在高空风较强烈、土质疏松环境下的安全稳定性。建设屋顶花园，必须以人和建筑的安全为前提，不能掉以轻心，必须结合建筑规范，注意建筑荷载、屋面防水、抗风等设计以及活动者的安全。

1. 荷载承重安全

如图 8-2-6 所示，屋顶花园的多层次结构给建筑屋顶增加了额外的负担。屋顶载荷能力关系到建筑的安全问题。与之相关的是栽培基质的类型，如果使用大量的壤土势必会增加屋顶的负重。

为减轻屋顶花园传给建筑结构的荷载和合理分布荷重，在屋顶花园平面规划及景点布置时，应根据屋顶的承载构件布置，使附加荷载不超过屋顶结构所能承受的范围，以确保屋顶的安全使用。屋顶花园中建造如亭、廊、花架、假山、水池和喷泉等园林建筑小品，必须在满足房屋结构安全的前提下，依据

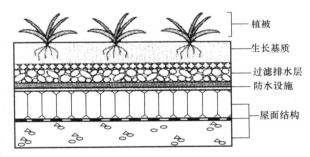

植被
生长基质
过滤排水层
防水设施
屋面结构

图 8-2-6　屋顶花园的面层结构

屋顶结构体系、主次梁及承重墙柱的位置，进行精确计算、反复论证后，方可布点和建造。也可以利用屋顶上原有的建筑如电梯间、库房、水箱等，将其改造成为适宜的园林建筑形式。

2. 防水

确保屋顶不漏水是屋顶花园建造所必须解决的至关重要的问题之一。屋顶的排水系统设计除要与原屋顶排水系统保持一致外，还应设法阻止种植植物枝叶或泥沙等杂物流入排水管道。大型种植池排水层下的排水管道要与屋顶排水互相配合，使种植池内多余的浇灌水顺畅排出。

同时，施工质量是保证屋顶花园建筑不渗水的关键。因此，在屋顶花园工程施工前，必须进行灌水试验。屋顶绿化防漏还存在一个难点——由于屋顶被土壤和植物覆盖，如出现渗漏，很难找出漏点。在屋顶防漏上，由于植物的根具有很强的穿透能力，特别是树根，年代越久，扎得越深，而且会分泌具腐蚀力的液汁，会对防水层造成长期的破坏。

3. 抗风

为了抗风，屋顶花园的设计中，各种较大的设施如棚架等应进行抗风设计验算，以

免倾覆。对较大规格的乔、灌木进行特殊的加固处理，种植高于2m的植物应采用防风固定技术。常用的方法有：一是在树木根部土层下埋塑料网以扩大根系固土作用；二是在树木根部，结合自然地形置石，以压固根系；三是把树木主干成组组合，绑扎支撑，注意尽量使用拉杆组成三角形结点。

4. 活动者的防护安全

设施的稳固是活动者安全的保障，屋顶绿化应设置独立出入口和安全通道。必要时应设置专门的疏散楼梯。为防止高空物体坠落和保证游人安全，尤其是小孩意外跌落事故，还应在屋顶周边设置高度在80cm以上的防护围栏，或者直接注意女儿墙的有效高度。同时，还要注重植物和设施的固定。

（二）美观性原则

屋顶花园在造园条件上与露地花园存在着差异，由于其场地较小，所处环境和场地受建筑物平面限制较大，所以要求屋顶花园的建造要更加精美、精巧、别致，风格独特的屋顶花园是建筑与造园艺术相互合作的精品。

（三）功能性原则

1. 改善城市生态环境的功能

数十米高的屋顶与地面相比，高空太阳辐射强、日照时间长、温度高、蒸发旺盛、温差大、风力大、雨水冲刷力强。而屋顶的土壤全靠外面输入，保水性能差，空气湿度小，水源特别少。因此，由于植物和建筑小品等所处的生态环境极不稳定，自然条件独特，所以应在采取不同的方案和方法确保植物成活和建筑安全的基础上，追求景观和生态效果。

2. 满足游人的使用功能

屋顶花园一般属私密性或半私密的园林空间，有相对固定的或特定的使用群体，一般人流量较小。因此，设计时应根据使用者的行为模式、使用习惯和使用要求进行功能设计，做到以人为本，亲近自然，即设计中宁可功能单一，求精求细而不必求全，注重使用功能的舒适性、合理性和方便性，强调使用者在游憩过程中与自然的亲和性，使之流连忘返。

（1）根据屋顶花园的大小，使用者的使用要求，设置相应的活动区域、场地和设施，既满足使用功能的要求，又能合理地使用空间。

（2）合理地设置活动区域、场地和设施的位置和空间大小，使之符合人的行为模式，以方便使用者的使用要求。

（3）各种活动设施、场地和活动区域的设计要精巧、细致，既符合美学观点，又符合人的行为模式和人体尺度，使人感到方便、舒适和亲切。

（4）园内的各种设施、小品、植物宜相互渗透、交融，尽可能功能多样化，如：可供上人的草坪；花台、水池等的坐憩式挡墙等，使人感到亲和、自然。

其中，亭廊、雕塑等园林建筑小品具有强烈的感染力，容易产生良好的视觉效果。但是必须注意建筑物的承载能力，量力而行；其次，设置亭廊、雕塑应根据平面位置、体量大小、特定的观赏角度、方位综合考虑，力求表达生动形象的山水风景。

（四）人性化原则

人性化，或者说以人为本，与人们常讲的师法自然并不矛盾。今天的居住区环境空间体现着生活在其中的人们生活以及心理上的要求，对滞留性和参与性的要求较高，不仅需要人性的尺度和界面围合空间，同时要考虑场地使用特点。如北方降雪期的防滑问题，冬季冰雪活动场所与夏季健身休闲场所的共建互动等。

1. 具有针对性地设计

屋顶花园多为私有（如住宅）或者是属于某一群体（如单位），即使是用于经营也有某一层次的相对固定的消费群体。因此，在针对屋顶花园设计的艺术性考虑时，应当按使用者的要求（或需求）、文化品位、个人或群体素质，营造特定的文化内涵和氛围，以适合这一群体的审美情趣和欣赏水平，实现的园林意境要让使用者能产生情景交融的共鸣。

2. 考虑地域性

要充分研究当地的气候条件，考虑人们的生活习惯。规划设计者在进行设计前，应首先考虑当地的气候条件是否适宜，这关系到是否能在城市内普遍推广屋顶绿化。如我国南北气候差异较大，有的城市能普遍推广屋顶绿化，有的则只能在一定范围内进行。

在北方，屋顶绿化目前尚未普遍流行。这主要是受气候条件限制，如天气干燥，冰冻期长，春季风大等，这些都是不利于植物在屋顶上生长的因素。北方的屋顶还要考虑春、夏、秋三季景观。因为冬季人们一般不会在室外驻足久留，除非有良好的挡风措施，而且能享受充足的阳光。屋顶花园配以活动暖棚，这在冬季较长的地区是很必要的，如图 8-2-7 所示，北方城市的屋顶花园，玻璃屋顶的温室与室外造景相结合，弥补冬季景致的空白。寒冷地区四季分明的气候为景观设计带来了可变的因素，造就了特色鲜明的景观文化。尤其是在冬季，突出冰雪文化传统，营造冰雪艺术景观是寒冷地区独有的景观活力的体现。

在长江中下游地区，应适当考虑冬季晒太阳及夏季遮阳的问题。特别是四季之中，三季都以遮阳为主，遮阳设施宜适当考虑局部可拆装，以便适应季节的变化。同时，注意遮阳及挡风设施还可以留人驻足观赏休息，应仔细考虑安排。

图 8-2-7　玻璃屋顶花园

3. 无障碍性

许多屋顶花园建在医院、养老院或疗养中心，服务的对象为老年人、病弱者等行动不便、具有心理弱势感或者对危险的估计能力欠缺的人。模拟自然生境的屋顶花园，成为硬质人工环境中真正的绿洲，常常作为机体康复或者心理疗养的辅助治疗场所而存在。所以，身处在花园中的感受已经不仅仅是休闲轻松，游览的目的是使游览对象在心理上建立自信心的证实感和对自我生存能力的认同感。

（五）经济性原则

屋顶花园一般造价较高，但设计时仍应精打细算，为业主着想，把资金用在急需的地方。设计时应根据业主的投资状况，量体裁衣，力求通过材料选择和施工工艺节省开支，不必选择昂贵的材料，而应追求最适宜的材料。

结合实际情况进行技术性的调整，避免景观修建对建筑的使用造成损害。同时，利用适宜的技术提高景观的使用效率和经济效益，如利用生物技术、可循环技术等解决屋顶花园的水循环，将多余的降水经砂石过滤后引入澄清池或中水处理系统，进行水资源的二次利用（灌溉用水或水景用水等），促进屋顶花园的生态循环，降低小区物业的管理成本。

另外，设计时还应充分考虑后期管理，最大限度降低后期管理成本。如草坪可选择修剪量较小的匍匐性草坪。总之，屋顶绿化是一项耗资巨大的工程，各地应根据自己的实际财政情况和需要适度地发展屋顶绿化。在制定工程项目前应该进行全面完善的调研，切勿盲目追风，把屋顶绿化的多少作为政绩来抓，以致劳民伤财。应尽量避免出现类似"广场风""草坪风"的现象。

五、屋顶花园的设计方法

屋顶花园的设计方法有自然法、轴线法和综合法。

（1）自然法

以中国古典园林为代表的自然山水园就是山水法设计的典范。山水法造园，讲究地形、山水的曲折变幻，即使在平地造园也要挖湖堆山。在屋顶花园的应用中，突破屋顶空间限制是设计构建山水屋顶花园的关键。

①转移注意力

大多数屋顶花园基本是狭长的，设计中，如果中央是开敞的，一眼就能看到底，也就是所谓的一览无余。但如果在中心设置非常吸引眼球的观赏水池、喷泉或者具有趣味性的雕塑和植物，当人的注意力被中心景物吸引时，就不会太在意空间是否太小。虽然花园依旧是那么大，不过已不能一眼就看到边。如图8-2-8、图8-2-9所示，小面积的种植屋顶上几乎没有空间分隔，但是中心的水池或花坛的布置很奇异，非常吸引人。

如果屋顶的面积容许分隔造景，分隔用的屏障可以简单地由较为高大的植物组成，也可用植篱或者爬满植物的棚架。只要不造成拥挤的感觉，并且在空间中填满轻松愉悦的内容，屋顶花园就真如传说中的伊甸乐园。

②营造园中园

是把屋顶花园分成不同的部分，因为如果把屋顶花园分为不同的空间，安排不同的内容也就很容易了。它们之间通过凉亭、藤架或拱架联系，这样从一个空间到另一个空间，给人以别有洞天的感觉。空间的大和小原本就是相向而生的，我们分隔空间，营造空间的变化、有节奏的感觉，在实质上也是为了满足人心理上对于大自然神秘、变幻莫测的一种向往和需要，能够让人们在屋顶观望城市的水泥森林的同时，在空中的绿洲上有一些惊喜。如图 8-2-10 所示，通过绿篱和棚架、栅栏来进行空间的分割，来形成"园中有园"的感觉。

图 8-2-8　自然式的山水屋顶庭园

图 8-2-9　屋顶上引人注目的图案

　　屋顶上所分隔的"园"之间以及其中内外，可以有明显的界线，但也要尽量做到你中有我，我中有你，渐而变之，使景物融为一体。景观的延伸通常引起视觉的扩展，可以眺望的景观，加上人心中的无限意境，空间就无所谓大小。

　　比如铺地，将墙体的材料使用到地面上，将室内的材料使用到室外，互为延伸，产生连续不断的效果。渗透和延伸经常采用草坪、铺地等应用，起到连接空间的作用，给人在不知不觉中景物已发生变化的感觉。在心理感受上不会"戛然而止"，给人良好的空间体验。

图 8-2-10　营造园中园

③巧妙用"孔"

"孔"是增加空间的深遥感的有效手段。如图 8-2-11 所示，通过廊架的前景看过去，屋顶花园显得更具有透视感。

图 8-2-11　巧妙用"孔"

孔是特定的物体，实质是具有穿透性。因此，它在增强空间纵深感方面有着特殊的含义。对于空间渗透联系的手法，在望的景致比突然转换的景致在心理上会让人感觉更加温和、容易掌控，因而也更适合屋顶花园的休闲感觉。孔的理论不仅是在布置时巧借山石的洞，漏窗展现空间的幽深，还可体现在植物的质感安排上——疏密、软硬、色泽深浅、反光感透光度不同的植物，亦是可以造成"庭院深深，深几许"的幽静感。

④借景

借景也是景观设计常用的手法。通过建筑的空间组合，或建筑本身的设计手法，将景区外的景致借用过来。屋顶空间是有限的，在横向或纵向上要让人扩展视觉和联想，才可以小见大，最重要的办法便是借景。如图 8-2-12 所示，雅典卫城作为 Plaka 旅馆屋顶花园的远景，与园内浑然一体。

图 8-2-12　借景

对城市景观的借景，可以丰富景观的空间层次，给人极目远眺、放松身心的感觉。甚至可以将屋顶设计成专门的观景平台，也就是说，屋顶上的景是完全为了陪衬远观的城市风景。比较高的乔木选择有下垂枝叶的，灌木选择比较低矮和柔软枝条的，组织成一个取景框将远景拉伸过来。

⑤添景

当一个景观在远方，或自然的山，或人为的建筑，如没有其他景观在中间、近处作过渡，就会显得虚空而没有层次。在观赏景物过程中，近处有小品、乔木作前景，中间是主景，远处是蓝天、白云的背景，景观会显得更有层次美，这些小品和乔木便叫做添景。如图 8-2-13 所示，海边的屋顶花园弥补了沙滩的平淡。

图 8-2-13　添景

⑥障景

"佳则收之，俗则屏之"是我国传统的造园手法之一。在现代景观设计中，也常常采用这样的思路和手法。隔景是将好的景致收入到景观中，将乱差的地方用树木、墙体遮挡起来。障景是直接采取截断行进路线或逼迫其改变方向的办法用实体来完成。

（2）轴线法

轴线法即规则式园林常用的设计方法。由于强烈、明显的轴线结构，使园林作品产生开敞、庄重、明确的景观效果。一般的轴线法的创作特点是由纵横两条相互垂直的直线组成，成为控制总体构图的"十字架"，再由主轴线派生出若干次要的轴线，或相互垂直，或成放射状布置，构成图案性非常强烈的整体布局。

轴线法创作产生的规则式屋顶花园，一般适合大型、气氛比较庄重的纪念性场所；但是在现代设计中，规则式布局的屋顶花园也可以营造出活跃休闲的效果，如图8-2-14所示。一般采用如下手法：

图 8-2-14　欧式风格的规则式屋顶花园

①利用对角线

对于屋顶花园，轴线最好是利用屋顶场地的对角线。对于矩形和正方形基地来说，绝对景深最深的是其对角线，所以调整轴向也是常用的技法之一。对于正方形来说，轴间角自然是 45°，若是狭长的基地，可以连续使用 45°的对角线，这样可使园子看上去要比实际的大得多。

②利用装饰品

屋顶面积不能和地面造园相比，但在屋顶眺望出去，别有一种开阔感，所以屋顶上营造具有恢弘气势的花园并非没有可能。

雕像、瓶饰、盆树和盆花，可以在屋顶上轻易制造欧陆风格的造景元素，它们体量小、重量轻，并且方便组合摆设。通直的轴线容易暴露出屋顶面积狭小的缺点，在轴线节点上点缀吸引视线的装饰，形成视觉兴奋点，注意力会因此转移，削弱空间狭小的感觉，如图 8-2-15 所示。

（3）综合法

所谓综合法是介于绝对轴线对称法和自然山水法之间的园林设计方法，又称混合式设计法。由于东西方文化长期交流，相互取长补短，使园林设计方法更加灵活多样。由于文化交流、思想沟通、科学进步和社会的发展，现代文化生活趋于近似，并逐渐形成现代自然山水园的风格。如图 8-2-16 所示，纽约现代艺术博物馆的屋顶花园具有丰富的景观变化，如流畅的曲线道路、日本枯山水庭院纯净的颜色。

图 8-2-15　屋顶花园中个性雕塑

图 8-2-16　纽约现代艺术博物馆的屋顶花园

六、屋顶花园的细部设计

1. 植被、水体——对硬质空间的柔化

屋顶景观设计中，植被、水体的应用对于硬质空间的柔化作用是显而易见的。同时，也因其自身的特色，为景观提供了富有生机，充满感性和活力的空间。不同形式，不同色彩的组合、搭配在视觉、听觉上给人以感观的刺激。也因为在形式、色彩上的变化，给景观在时间上以空间的转换，不至于单调、无变化。如图 8-2-17 所示，屋顶上的水景一般比较小巧，植物的茂密还是疏瘦要由花园的设计风格来定。

2. 台阶——不同高差的转化

台阶是不同高差地面结合的方式之一。虽然它属于交通性质的过渡空间，但也能创造出动人的"线"造型，产生出巨大的艺术魅力。正因如此，台阶在园林设计中往往会摆脱其纯功能性，被夸大并与场地结合，营造出多功能极富韵律感的空间，如图 8-2-18 所示。

图 8-2-17　屋顶上的水景

图 8-2-18　台阶能在平稳的布局中体现节奏感

3. 小品——视线的引导

　　城市中的各种设施，如雕塑、花架、花坛、座椅、灯具等，一般是出现在不同空间的连接处，如开放空间与私密空间、自然空间与人工空间、园内空间与城市外空间。小品在此不仅起着点缀的作用，同时也是对视线的引导和汇聚，形成焦点，标志着此空间与彼空间的区别，暗示其存在。如图 8-2-19 所示，夸张的花坛，具有非常可爱的花纹和稚拙的造型，适合应用于有儿童活动的屋顶花园。

图 8-2-19　夸张的花坛

4. 铺装——空间的划分

园林设计中地面铺装同样起着对空间进行划分的作用。当然，这里并非单指在材料上的变化，很大程度上也是体现在形式上的变化。卵石模纹、日本的"榻榻米"都因其自身形式的组合，使得所在空间或突出、或连续，在视觉上、心理上都收到了良好的效果。如图 8-2-20 所示，伦敦市中心 Brunei 美术馆的日式屋顶花园，几乎没有立面变化，只靠地面上铺装材质的不同来划分空间。

图 8-2-20　Brunei 美术馆屋顶花园实景

整体大于部分之和。值得注意的是，园林中各要素并非孤立地存在，设计过程中通常会相互穿插、相互渗透，才会显出作品的整体协调性。园林中会是在某一部分，某种要素占主导地位，而使其自身得以强调。

七、屋顶花园的种植设计

因为屋顶特殊立地条件的限制，屋顶花园的设计建造，往往不能随心所欲地改造地形、营造水体；道路也因屋顶场地狭小而不能形成多级系统。因而，精心搭配的、生机勃勃的植物景观就成为了屋顶花园的主要内容。园林植物的选择和配置决定了屋顶花园的观赏效果和艺术水平的高低。如果不注意树形、花色、花期、花叶等的搭配，随便栽上几株，就会显得杂乱无章，景观大为逊色。

园林花卉植物花色丰富，观赏价值不尽相同，需要科学地从园林植物特有的观赏性考虑，以便创造优美、长效的植物景观。另一方面，设计中不仅要重视植物景观的视觉效果，更要营造出适应当地自然条件、具有自我更新能力、体现当地风貌的植物景观，即自然、文化与植物景观设计相结合。

（一）屋顶植物的选择

种植设计效果往往需要经过一定时间的生长才能实现，刚刚栽种完毕的花园不可能一下子就成型。但很多时候，人们最先设计的景观效果不能完美地呈现，是因为预先考虑的植物效果过于理想化了，从而导致种植设计实施失败。如主景植物对环境不适应而不能成景，甚至死亡；原来处于陪衬地位的植物生命顽强而四处蔓延；外地引进的植物需要高昂的养护费用等。所以，屋顶的植物造景设计，要基于适宜的植物选择。

1. 基于屋顶环境条件的植物选择原则

屋顶花园植物品种的选择，由于屋顶花园受种植土厚度、光照、承重等因素的制约，植物品种的选择面就较为狭窄。所种植物要求耐阳、耐旱；一些直根系的植物就不宜种植，宜选择浅根性的小乔木，与灌木、花卉、草坪、藤本植物等搭配。

大多数的棕榈科植物是南方屋顶花园的首选；北方则注重耐旱的景天科植物。屋顶花园如果相当于一个公共的庭园，像桂花、九里香等庭园常用植物就都可以使用，底层种植一些耐阴性强的地被植物或小灌木，形成自然型的植物群落。

（1）选择耐旱、抗寒性强的矮灌木和草本植物

由于屋顶花园夏季气温高、风大、土层保湿性能差，而在冬季则保温性差，因此应选择耐干旱、抗寒性强的植物。同时，考虑到屋顶的特殊地理环境和承重的要求，应选择矮小的灌木和草本植物，以利于植物的运输、栽种和管理。

（2）选择阳性、耐瘠薄的浅根性植物

屋顶花园大部分地方为全日照、直射、光照强度大，植物应尽量选择阳性植物，但在某些特定的小环境中，如花架下面或墙边的地方，日照时间较短，可适当选用一些半阳性的植物种类，以丰富屋顶花园的植物品种。屋顶的种植层较薄，为了防止根系对屋顶建筑结构的侵蚀，应尽量选择浅根系的植物。因施用肥料会影响周围环境的卫生状况，故屋顶花园应尽量种植耐瘠薄的植物种类。

（3）选择抗风、不易倒伏、耐积水的植物种类

在屋顶上空风力一般较地面大，特别是雨季或有台风来临时，风雨交加对植物的生存危害最大；加上屋顶种植层薄，土壤的蓄水性能差，一旦下暴雨，易造成短时积水，故应尽可能选择一些抗风、不易倒伏，同时又能耐短时积水的植物。

（4）选择以常绿树种为主，冬季能露地越冬的植物

营建屋顶花园的目的就是增加城市的绿化面积，美化"第五立面"，屋顶花园的植物应尽可能以常绿为主。宜用叶形和株形秀丽的品种，为了使屋顶花园更加绚丽多彩，体现花园的季相变化，还可适当栽植一些色叶树种；另外在条件许可的情况下，可布置一些盆栽的时令花卉，使花园四季有花。

（5）尽量选用乡土植物，适当引种绿化新品种

适地适树是植物造景的基本原则，因此应大力发展乡土树种，适当引进外来树种。

乡土植物对当地的气候有高度的适应性，在环境相对恶劣的屋顶花园，选用乡土植物有事半功倍之效。同时，考虑到屋顶花园的面积一般较小，为将其布置得较为精致，可选用一些观赏价值较高的新品种，以提高屋顶花园的档次。

（6）选择能抵抗空气污染并能吸收污染的品种

在屋顶绿化中，应优先选用既有绿化效果又能改善环境的品种，这些植物会对烟尘、有害气体有较强的抗性，并且起到净化空气的作用。如桑、合欢、皂荚、圆柏、广玉兰、棕榈、夹竹桃、女贞、大叶黄杨等。

（7）选择容易移植，成活率高，耐修剪，生长较慢的品种

屋顶花园的植物一般是从苗圃移植而来，所以最好选择已经移植培育过、根系不深但是须根发达的植株。由于屋顶的承重的限制，植物的未来生长量要算在活荷载中，生长慢并且耐修剪的植物能够较长时间地维持成景的效果。

（8）选择具有较低的养护管理要求的品种

需要正视的现实是，几乎没有植物能够符合以上所有的要求。比如，耐寒的能在屋顶自然生长的植物，往往具有发达的容易对屋顶结构产生破坏力的根系；浅根性的植物需要较多的水分，并且需要人为的固定才能抵挡屋顶大风的侵袭。所以人们只能选择尽可能合适的植物，同时协调造景与造价、效益的关系。

2. 从造景的角度选择屋顶花园的植物

（1）造景上对植物选择的要求

进行屋顶花园的种植设计，在视觉上即对植物材料有诸多要求。在平面上，要求植物生长丰茂，并且不蔓延出原本划定的界限；要求植物具有丰富的质感和颜色，以及足够长的观赏期来体现设计的意图。在立体上，要求植物有从地面到空中的高低层次；要求植株具有饱满或者特异的形态。在时间上，要求植物的观感最好能随季节发生变化，呈现丰富的季相。

（2）屋顶花园植物的观赏特性

屋顶的有限空间里，植物的群体成景效果集中在较低的草坪地被层，对于乔灌类以及较高的地被植物来说，个体观赏特性往往更为突出，比如单一植株的株形姿态，花、叶、果实的观赏。

（二）种植设计的原则与手法

1. 种植设计的原则

（1）符合屋顶花园的性质和功能要求

进行种植设计，必须从屋顶花园的性质和主要功能出发。屋顶园林从属于特定功能的建筑物，具体到某一花园，总有其具体的主要功能，如办公、观赏或者餐饮服务。

（2）考虑园林艺术的需要

①总体艺术布局上要协调

根据屋顶花园总体布局的要求，采用适当的种植形式。规则式布局的花园，种植配置多孤植、对植、列植；在自然式布局中，则多采用不对称的自然式配置，注重发挥植物的自然美，从而创造出协调、多彩的景观。

②考虑四季景色变化

观赏植物的景色随季节而有变化，应注意统一中求变化。可在屋顶上分区、分段配置植物，使每个分区或地段突出一个季节植物景观主题；在重点地区，四季游人集中的地方，应使四季皆有景可赏。在以一个季节景观为主的地段，还应点缀其他季节的植物，否则一季过后，就显得景观极为单调。

③考虑多种感官感受

全面考虑植物在观形、赏色、闻味、听声上的效果。

④配置植物要从总体着眼

在平面上，要注意配置的疏密和轮廓线；在竖向上要注意树冠线，树丛中要组织透视线。要重视植物的景观层次，远、近观赏效果。远观常看整体、大片效果（如较大面积的秋叶），近观才欣赏单株树形、花、果、叶等姿态。同时，配置植物要处理好与建筑、地形、水、道路的关系。

（3）选择适合的植物种类，满足植物生理要求

（4）创建屋顶特色种植风格

屋顶花园会表现出一定的特色，但风格的把握与表现较为复杂。所以创造屋顶庭院的植物景观风格要以植物的生态习性为基础，创造地方风格为前提，以人们熟悉的艺术为蓝本，创造不仅仅是诗情画意的风格。

2. 种植设计的手法

（1）利用灌丛来柔化建筑屋顶的硬质感

屋顶花园可以不设乔木，但灌木则是不可或缺的。花灌木是屋顶花园中植物造景最容易出彩的部分。花灌木的群体景观配置，如块状、片状与条带状围边或花篱等，这些色彩靓丽的色块与色带和起伏的地形一起，营造出了开阔的空间格局，如图 8-2-21 所示，北京中关村广场空中花园，灌木几何规则的修剪，与高大的自然冠形的乔木和直线的道路及硬质的广场相结合，与城市环境是统一的。

（2）协调色彩的手法

图 8-2-21　北京中关村广场空中花园

这里说的色彩，不仅仅是植物的色彩，园林里的水、土、石，屋顶的建筑物、城市森林一望无际的灰色，变幻的天空、霓虹灯，凡是屋顶上目力所及的，都有自己的色彩。色彩的美感能提供给人精神、心理方面的享受，人们都按照自己的偏好与习惯，去选择乐于接受的色彩，以满足各方面的需求。从狭义的色彩调和标准而言，是要求提供不带刺激感的色彩组合群体，但这种含义仅提供视觉舒适。因为过分调和的色彩组配，效果会显得模糊、平淡、乏味、单调，视觉可辨度差，多看容易使人产生厌烦、疲劳等不适应感。

（3）观赏期的组合

总结本地区出色的植物配置组合，利于在屋顶花园中广泛应用。

①丁香品种组合

这是一个春季的组合。多个品种的丁香组合，花期可达一个半月。可配置于花园入口或建筑物墙旁，在开花期十分漂亮。注意在配置时，灌丛间要留有空间。

②绣线菊、报春花和雏菊组合

欣赏花期从春到夏长达 3 个月，可用于灌丛边缘的装饰。

③茶条槭、荚蒾、忍冬、黄栌和卫矛组合

这是一组秋季的灌木组合，花期 1 个多月，荚蒾的红果一直可保持到深秋，黄栌形成美丽的紫玫瑰色圆锥花序，忍冬、卫矛在秋季悬挂着果实，茶条槭在深秋红叶艳丽，构成了一个美丽的景观。

④云杉和月季组合

云杉深灰色的叶子和月季的缤纷的花朵组成十分鲜艳的对比色调。

总之，在植物配置中，常绿植物的比例占 1/4～1/3 比较合适；枝叶茂密的比枝叶少的效果好；阔叶树比针叶树效果好；乔灌木搭配的比只种乔木或灌木的效果好；有草坪的比无草坪的效果好；多样种植植物比纯林效果好。另外，也可选用一些药用植物、果树等有经济价值的植物来配置。

【思考与练习】

1. 居住区屋顶花园有哪些构成要素？
2. 居住区屋顶花园有哪些特点？
3. 怎样减轻居住区屋顶花园的荷载？
4. 居住区屋顶花园的空间怎样划分？
5. 公共游憩性屋顶花园的设计方法有哪些？
6. 公共游憩性屋顶花园怎样进行种植设计？

技能训练

技能训练　屋顶花园设计

一、实训目的

熟悉屋顶花园的设计原则，熟练掌握屋顶花园的设计方法，合理有效地完成屋顶花园的设计。

二、内容与要求

完成某方案的屋顶花园绿化设计，结合周围环境景观特征，确定主题并进行绿地设计，科学设计屋顶花园绿化形式，充分发挥其景观功能，使设计科学美观（图 8-2-22 仅供参考）。

三、方法步骤

1. 根据屋顶花园环境特点进行绿化，制定合理美观的设计方案。

2. 合理进行绿化布局，合理选择绿化树种并设计出植物配置方案。

3. 绘制该屋顶花园的平面图。

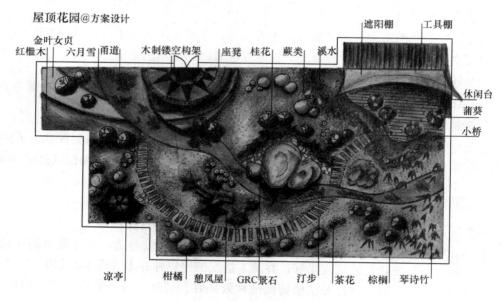

图 8-2-22　某屋顶花园平面图

参 考 文 献

[1] 胡长龙. 园林规划设计[M]. 北京：中国农业出版社，2002.

[2] 周初梅. 园林规划设计[M]. 重庆：重庆大学出版社，2006.

[3] 刘新燕. 园林规划设计[M]. 北京：中国劳动社会保障出版社，2009.

[4] 黄东冰. 园林规划设计[M]. 北京：高等教育出版社，2001.

[5] 董晓华. 园林规划设计[M]. 北京：高等教育出版社，2005.

[6] 赵建民. 园林规划设计[M]. 北京：中国农业出版社，2001.

[7] 王少增. 园林规划设计[M]. 北京：中国农业出版社，2007.

[8] 潘冬梅. 园林规划设计[M]. 武汉：华中科技出版社，2012.

[9] 杨黎. 地形在园林中的设计原则及综合应用[J]. 安徽农业科学. 2009.

[10] 刘艳丽. 我国城市道路绿化设计研究[J]. 农业科技与装备. 2009.

[11] 中国城市规划设计研究院. 城市道路绿化规划与设计规范[M]. 北京：中国建筑工业出版社，1998.

[12] 黄东兵. 园林规划设计[M]. 北京：中国科学技术出版社，2003.

[13] 卢圣. 城市园林绿地规划(修订版)[M]. 北京：气象出版社，2001.

[14] 周初梅. 城市园林绿地规划[M]. 北京：中国农业出版社，2006.

[15] 王浩. 城市道路绿地景观设计[M]. 南京：东南大学出版社，2002.

[16] 李铮生. 城市园林绿地规划与设计(第二版)[M]. 北京：中国建筑工业出版社，2006.

[17] 赵建民. 园林规划设计[M]. 北京：中国农业出版社，2001.

[18] 顾姚双，姚坚，虞金龙. 住宅绿地空间设计[M]. 北京：中国林业出版社，2003.

[19] 赵锡惟，梅慧敏，江南鹤. 花园设计[M]. 杭州：浙江科学技术出版社，2001.

[20] 罗宾·威廉姆斯. 庭园设计与建造. 乔爱民译. 贵阳：贵州科技出版社，2001.

[21] 张鎏. 现代城市纪念性广场景观设计[D]. 湖南大学，2009.

[22] 潘巍. 小城镇广场设计探析——以高桥休闲广场为例[J]. 中外建筑，2008，(06).

[23] 张艳锋，张明皓，张振. 新世纪的休闲娱乐广场设计[J]. 天津城市建设学院学报，2003，(03).

[24] 余道明. 城市火车站站前广场城市设计研究[D]. 合肥工业大学，2006.

[25] 徐峰，封蕾，郭子一. 屋顶花园设计与施工[M]. 北京：化学工业出版社，2007.

[26] 黄金锜. 屋顶花园设计与营造[M]. 北京：中国林业出版社，1994.

[27] 陈敬忠. 建筑中屋顶花园建设应注意的几个技术问题[J]. 广西土木建筑，2000(4).

[28] 毛学农. 试论屋顶花园设计[J]. 重庆建筑大学学报，2002(3).

[29] 尤川宝. 现代居住区私家屋顶花园的景观艺术设计探索[D]. 昆明理工大学，2007.

China Building Materials Press

我 们 提 供

图书出版、图书广告宣传、企业/个人定向出版、设计业务、企业内刊等外包代选代购图书、团体用书、会议、培训，其他深度合作等优质高效服务。

编 辑 部	图书广告	出版咨询	图书销售	设计业务
010-88385207	010-68361706	010-68343948	010-88386906	010-68343948

邮箱：jccbs-zbs@163.com   网址：www.jccbs.com.cn

发展出版传媒　　服务经济建设

传播科技进步　　满足社会需求